LEHRBÜCHER DER LUFTWAFFE

TECHNISCHE GRUNDLEHRBÜCHER

Band 2

Der Flugzeugsattler

von

Karl Fleig
Fliegerstabsingenieur

unter Mitarbeit anderer Fachkräfte

Mit 95 Abbildungen

Berlin 1944

Walter de Gruyter & Co.

vormals G. J. Göschen'sche Verlagshandlung · J. Guttentag, Verlagsbuchhandlung
Georg Reimer · Karl J. Trübner · Veit & Comp.

Druck von Walter de Gruyter & Co., Berlin W 35
Printed in Germany

INHALT

Einführung

Auszug aus der Flugtechnik

Arbeitskunde für den Flugzeugsattler

Einführung

Aufbau der Luftwaffe im Rahmen der Wehrmacht

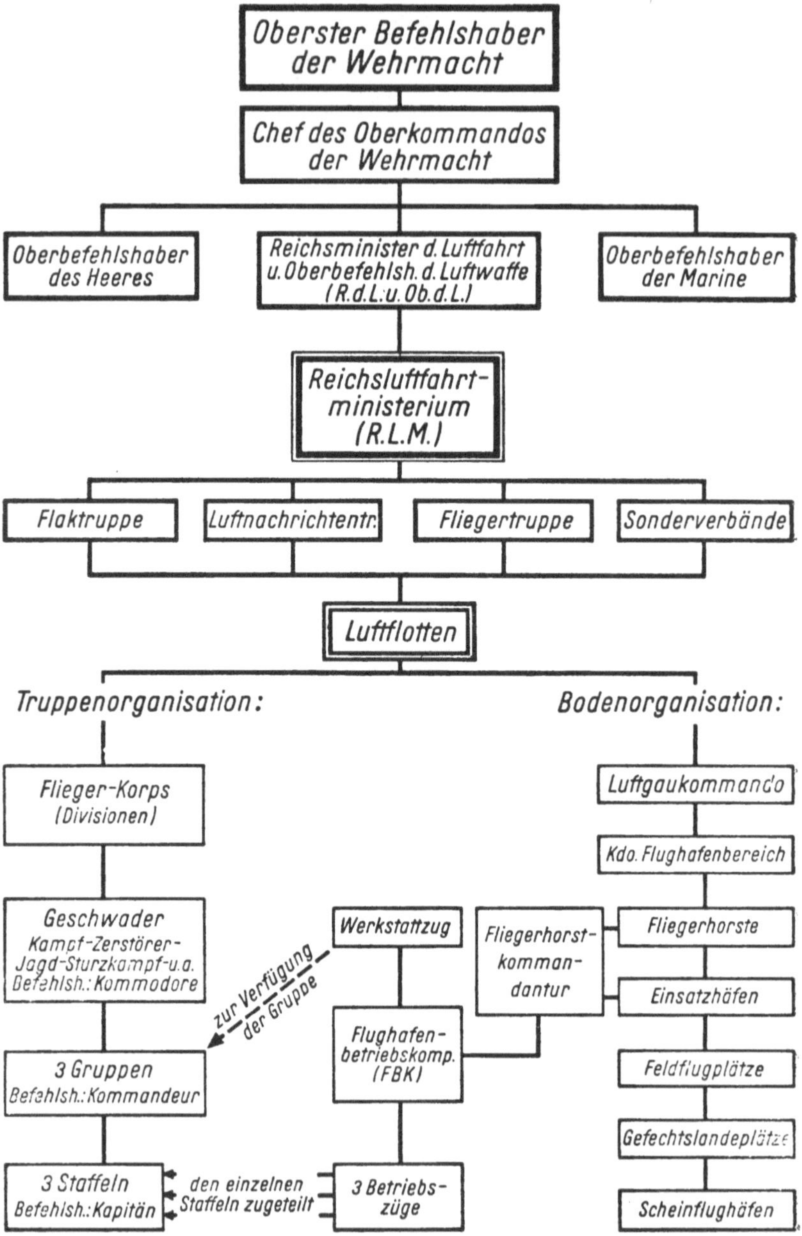

I. Allgemeine Organisation der Luftwaffe

Aufbau der Luftwaffe im Rahmen der Wehrmacht (s. Tafel auf S. 2).

1. Die **Fliegerhorste** sind die Friedensstandorte der Fliegerverbände, Fliegerschulen, Fliegerausbildungs-Regimenter usw. Ihre Aufgabe ist die bodenorganisatorische Truppenversorgung.

2. Die **Einsatzhäfen (E-Häfen)** dienen dem Einsatz von Verbänden im Kriege und erhalten im Bedarfsfalle eine Fliegerhorstkommandantur oder ein Flugplatzkommando sowie eine Flughafenbetriebskompanie.

3. Die **Feldflugplätze** sind für den Einsatz leichter Verbände (Jagd- und Aufklärer-Verbände) bestimmt und haben keine Fliegerhorstkommandantur oder Flugplatzkommando. Die Stelle des Fliegerhorst-Kommandanten nimmt der dienstälteste Kommandeur der diesen Flugplatz benutzenden Verbände ein.

4. Die **Gefechtslandeplätze** sind behelfsmäßige, oft nur zum Landen einzelner Flugzeuge geeignete Geländestücke, die zur Erleichterung der Befehls- und Nachrichtenübermittlung als Zwischenlandeplätze nahe den Gefechtsständen derjenigen Kommandostellen eingerichtet sind, die über Aufklärungsverbände verfügen.

5. Die **Scheinflughäfen** dienen zur Täuschung feindlicher Luftaufklärung und angreifender Verbände. Flugzeugattrappen und Fahrzeuge täuschen durch ständige Verlegung einen Flugbetrieb vor.

II. Organisationen für den technischen Dienst

A. Die Flughafenbetriebskompanie (F.B.K.)

6. Die F.B.K. ist an den Ort des jeweiligen Fliegerhorstes oder Einsatzhafens gebunden und hat die Aufgabe, gemeinsam mit dem Personal des auf dem betreffenden Horst liegenden fliegenden Verbandes (meist einer Gruppe) die Einsatzbereitschaft sämtlicher Geräte ständig

zu gewährleisten. Ihre wesentlichen Dienstaufgaben sind die Wartung der Flugzeuge, der Flugmotoren und der Geräte sowie Instandsetzungsarbeiten, soweit ihre Einrichtungen hierzu ausreichen. Beim Verlegen des Verbandes verbleibt die F.B.K. beim Horst oder Einsatzhafen.

Die F.B.K. wird den zu versorgenden Verbänden vom zuständigen Luftgau zugeteilt.

7. Die Gliederung einer F.B.K.

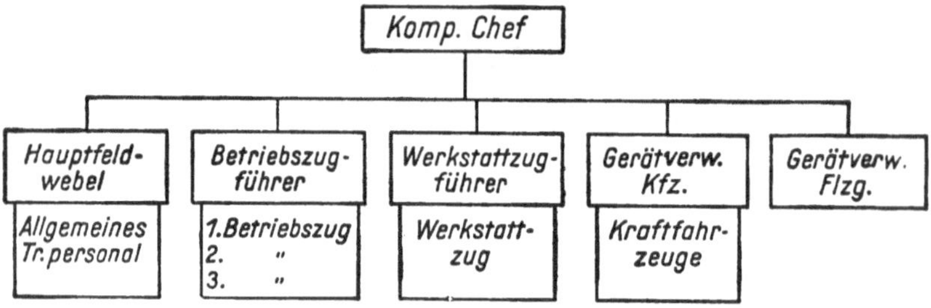

Nähere Einzelheiten über die Organisation und den Umfang des technischen Truppendienstes einer F.B.K. gibt die L.Dv. 72/1: Der technische Truppendienst der Fliegerverbände mit Flughafenbetriebskompanien (mot.).

B. Selbstversorgende Verbände

8. Verbände, die öfter verlegt werden müssen, z. B. Jagd-, Aufklärer- und Schlachtfliegerverbände, manchmal aber auch andere Verbände, je nach den Notwendigkeiten des Einsatzes, haben eigenes Personal für Wartung und einfache Instandsetzungsarbeiten. Es gliedert sich ähnlich wie bei der F.B.K. in eine dem Gruppenkommandeur unterstellte Stabskompanie, bestehend aus je einem Werkstattzug, Nachrichtenzug und Kraftfahrzug, sowie in Staffelbetriebszüge bei den einzelnen Staffeln. Dieses Personal begleitet den Verband bei jeder Verlegung. Näheres siehe:

L.Dv. 72/2: Der technische Truppendienst der Jagdverbände
L.Dv. 72/3: ,, ,, ,, ,, Aufklärungsverbände.

C. Die Flugzeuggruppe bei den Fliegerschulen

9. Ihre Aufgabe ist es, den Einsatz des gesamten fliegerischen Gerätes durch Wartung, Instandsetzung und Verwaltung zu gewährleisten.

Gliederung der Flugzeuggruppe bei den Fliegerschulen

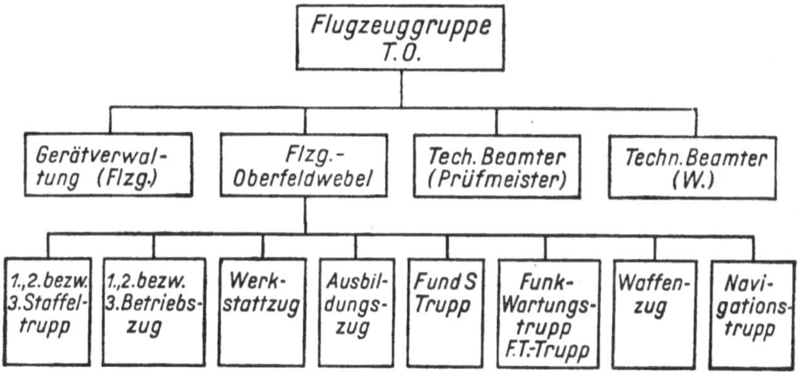

Genaue Einzelheiten siehe:

L.Dv. 72/5: Der technische Truppendienst bei Fliegerschulen,

L.Dv. 72/5, **Beiheft:** Die Führung der Unterlagen für den technischen Truppendienst bei Fliegerschulen,

und für die etwas abweichende Organisation bei Jagd- und Zerstörerschulen:

L.Dv. 72/5, **Anhang:** Der technische Truppendienst bei den Fliegerschulen im Bereich der höheren Kommandos der Jagd- und Zerstörerschulen.

D. Die Fliegerhorstkommandantur

10. Diese sorgt für die Durchführung aller jener Verwaltungs- und Werkstattarbeiten, die von den auf dem betreffenden Fliegerhorst oder Einsatzhafen liegenden Verbänden nicht mit eigenem Personal durchgeführt werden können.

Dem Fliegerhorstkommandanten ist unmittelbar der technische Leiter unterstellt, der für die gesamten technischen Einrichtungen verantwortlich ist. Diese Einrichtungen gliedern sich wie auf S. 6 angegeben.

1. Die Technische Verwaltung

11. Diese ist verantwortlich für den gesamten Nachschub an Ersatzteilen, Verbrauchs- und Betriebsstoffen sowie deren ordnungsgemäße Lagerung und Verwaltung.

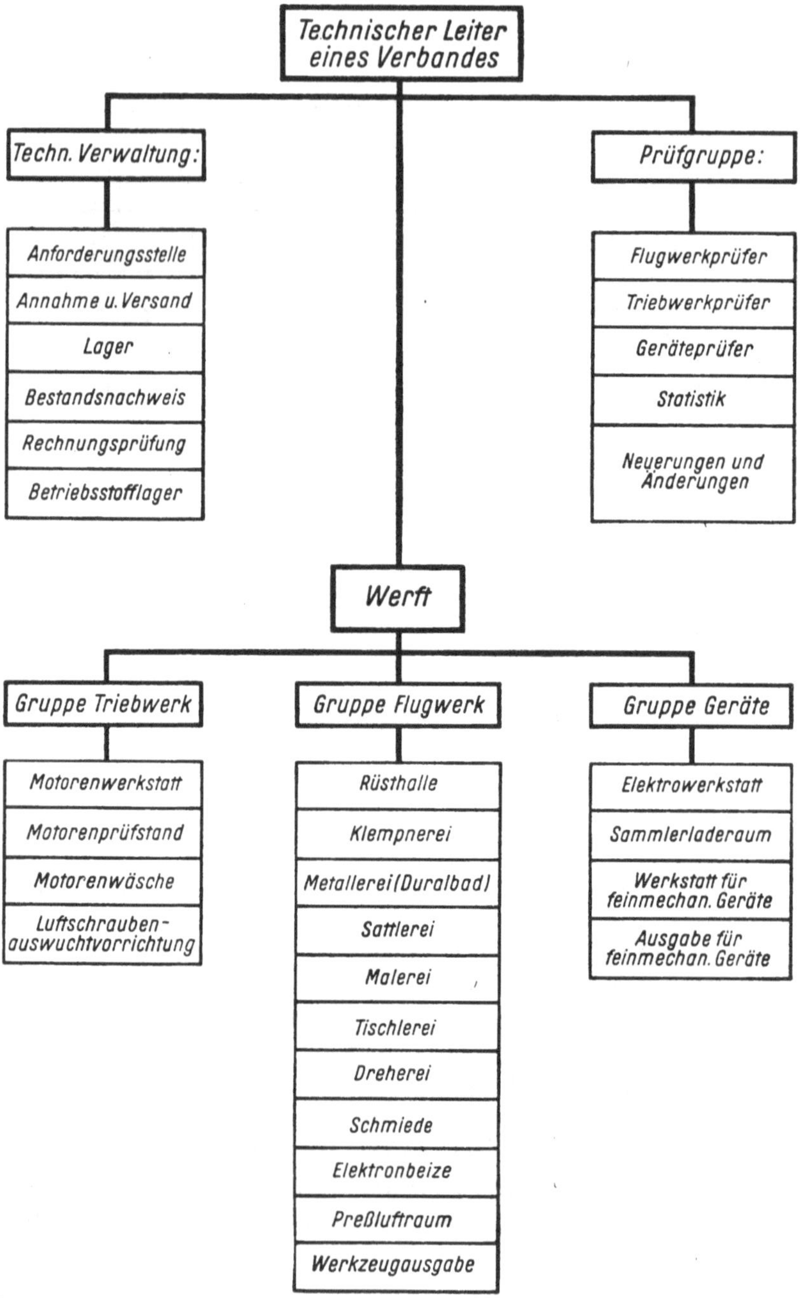
Technischer Leiter eines Verbandes
Techn. Verwaltung:
Anforderungsstelle
Annahme u. Versand
Lager
Bestandsnachweis
Rechnungsprüfung
Betriebsstofflager
Prüfgruppe:
Flugwerkprüfer
Triebwerkprüfer
Geräteprüfer
Statistik
Neuerungen und Änderungen
Werft
Gruppe Triebwerk
Motorenwerkstatt
Motorenprüfstand
Motorenwäsche
Luftschrauben-auswuchtvorrichtung
Gruppe Flugwerk
Rüsthalle
Klempnerei
Metallerei (Duralbad)
Sattlerei
Malerei
Tischlerei
Dreherei
Schmiede
Elektronbeize
Preßluftraum
Werkzeugausgabe
Gruppe Geräte
Elektrowerkstatt
Sammlerladeraum
Werkstatt für feinmechan. Geräte
Ausgabe für feinmechan. Geräte

2. Die Werft

12. Diese hat die Aufgabe, das gesamte Fliegergerät der zu betreuenden Verbände einsatzbereit zu halten, wobei auch größere Arbeiten durchgeführt werden können. Bei den Werften wird auch ziviles Personal beschäftigt. Die Güte und Genauigkeit der Werftarbeit ist ausschlaggebend für die Flugsicherheit und Leistungsfähigkeit des Gerätes.

Im einzelnen umfaßt das Arbeitsgebiet der Werften:

a) Teilüberholungen von Flugwerken,
b) „ „ Triebwerken (Flugmotoren),
c) Instandsetzen von Bordgeräten,
d) „ elektrischer Bordnetze,
e) Beseitigung von kleineren und größeren Schäden, die durch Bruch oder feindliche Einwirkung entstanden sind, soweit das mit den vorhandenen Einrichtungen möglich ist,
f) Durchführen von Änderungen,
g) verschiedene Instandsetzungsarbeiten, z. B. am Bodengerät oder Hilfsgerät, Neuanfertigung von Behelfsgerät, soweit die Mittel für eine einwandfreie Herstellung vorhanden sind, und Wartung.

3. Die Prüfgruppe

13. Diese ist verantwortlich für die Flugsicherheit des gesamten Gerätes und **überwacht** im Auftrag der Technischen Leitung:

a) Die Einsatzbereitschaft des fliegerischen Gerätes für alle Verwendungszwecke.
b) Die zulässigen Betriebsstunden und Fristen der Teil- und Grundüberholungen sowie der Sonderprüfungen (Prüfungen nach bestimmten Fristen, auch wenn das Flugzeug nicht eingesetzt war).
c) Den Einbau und die Einsatzbereitschaft der Sondergeräte (Waffen u. dergl.).
d) Die Durchführung von Überholungen und Instandsetzungen.
e) Die Durchführung von Änderungen nach den Änderungsanweisungen oder auf besonderen Befehl.
f) Die Anfertigung, Lagerung und den Einbau der zur Instandsetzung verwendeten Einzelteile und Werkstücke.

Vor jeder Werftarbeit an fliegerischem Gerät wird von dem zuständigen Prüfer ein Befund- und Prüfbericht angefertigt, der als Grundlage für die Planung und Durchführung der Werftarbeit dient. Ebenso muß jede fertiggestellte Arbeit der Werft vom Prüfer abgenommen werden.

Kein fliegerisches Gerät darf zu einem Flug eingesetzt werden, bevor es vom Prüfer als flugklar erklärt wurde.

III. Die Fliegertechnischen Schulen

14. Das fliegertechnische Personal der Luftwaffe (Bodenpersonal) wird bei den Fliegertechnischen Schulen für den technischen Einsatz ausgebildet und weitergeschult.

Die **Fliegertechnischen Schulen** und die **Höhere Fliegertechnische Schule** unterstehen dem **Höheren Kommandeur der Fliegertechnischen Schulen.**

Die oberste Leitung der gesamten Ausbildung (militärisch, fliegerisch und technisch) hat der **General der Fliegerausbildung (R. d. L. u. Ob. d. L., Gen. d. Fl. Ausb.).**

Der Unterricht bei den Fliegertechnischen Schulen wird in verschiedenen **Lehrgruppen** durchgeführt, die der **Ausbildungsleitung** unterstellt sind. Die Gliederung der Schule zeigt folgende Aufstellung S. 9.

Folgende **Lehrgänge** werden bei den Fliegertechnischen Schulen geführt:

A. **Grundschul-Lehrgänge:** Flugzeugmechaniker, Flugmotorenschlosser, Flugzeugfeinmechaniker, Flugzeugelektriker, Fallschirm- und Sicherheitsgerätepersonal (F.u.S.) und alle Handwerker.

Dem Lehrgang für Flugzeugschlosser ist ein Sonderlehrgang für Schweißer angegliedert.

Grundschul-Lehrgänge werden auch bei der Industrie durchgeführt.

B. **Unteroffizier-Lehrgänge:** Flugzeugmechaniker, Flugmotorenschlosser, Flugzeug-Bordgeräte-Unteroffizier (umfaßt Feinmechaniker und Elektriker in einer Gruppe) und Flugzeug-Gerätverwalter.

C. **Feldwebel-Lehrgänge:** Flugzeug-(Ober)-Feldwebel, Bordgeräte-Feldwebel und Flugzeug-Gerätverwalter-(Ober)-Feldwebel.

D. **Einweisungslehrgänge:** Sonderlehrgänge für neue Baumuster von Flugzeugen, Flugmotoren und Fluggeräten.

E. **Sonderlehrgänge** für besondere Zwecke, z. B. Lehrgänge für Bodengeräte oder Wintersondergeräte u. a.

Technisches Führerpersonal (Techn. Offiziere, Ingenieure, Prüfer, Werkmeister u. a.) wird bei der **Höheren Fliegertechnischen Schule** ausgebildet und weitergeschult.

Gliederung einer Fliegertechnischen Schule

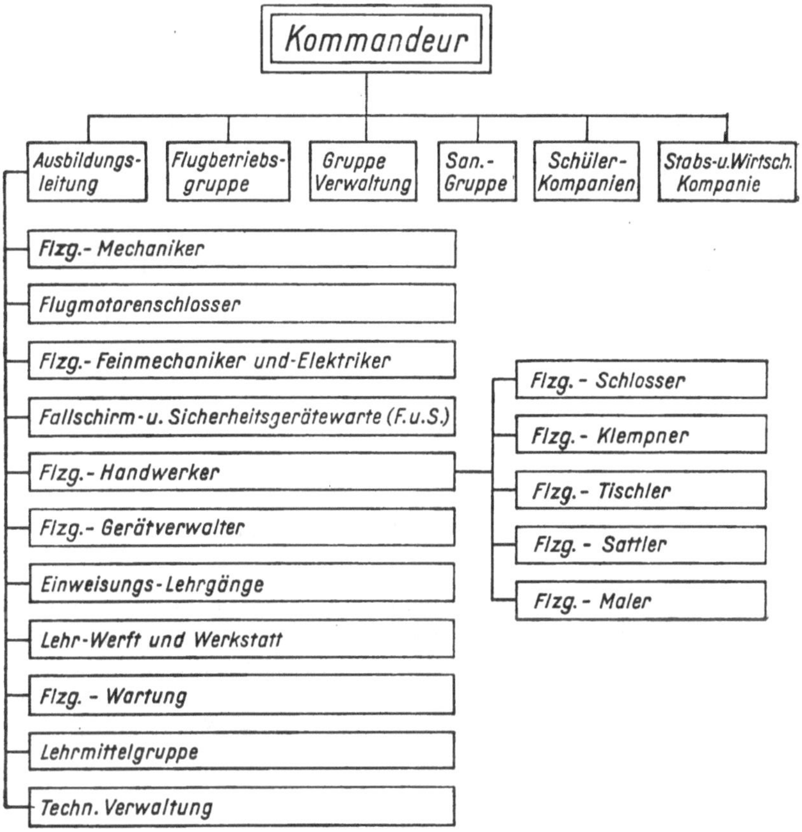

IV. Flugplatz- und Hallenordnung; allgemeine Unfall- und Feuerschutzregeln

Vergleiche L.Dv. 5/1 und 5/2: Der Flugbetrieb der Luftwaffe,
Teil 1: Flugdienstordnung.
Teil 2: Wartungsdienst auf Landflugplätzen.
Nachstehend wird nur das Wichtigste kurz behandelt.

A. Flugplatzordnung

15. Das für den Flugbetrieb (Start-, Lande- und Rollbetrieb) bestimmte Gelände wird **Rollfeld** genannt. Das Begehen des Rollfeldes

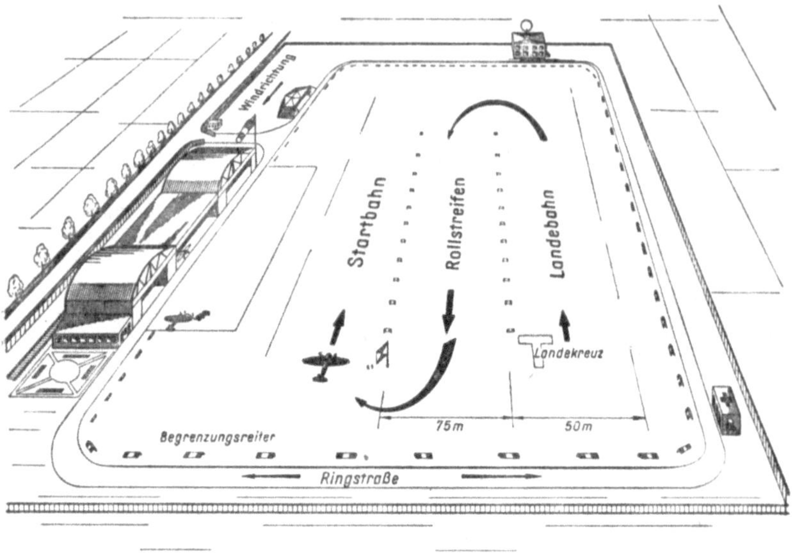

Abb. 1. Flugplatz mit Hallen und Rollfeld.

ist nur mit dienstlichem Auftrag und auch dann nur auf dem kürzesten Wege erlaubt. Jeder Verkehr von Personen oder Fahrzeugen hat sich möglichst an der Rollfeldgrenze (Ringstraße) abzuwickeln.

Der für den Flugbetrieb benutzbare Teil des Rollfeldes wird bei Tage durch rot-weiß-rote Begrenzungsreiter (Abb. 2), bei Nacht durch rote Randbefeuerung kenntlich gemacht.

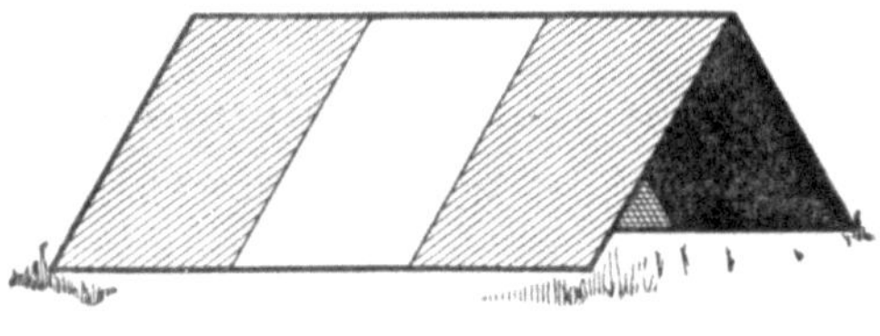

Abb. 2. Begrenzungsreiter

16. Zur Abwicklung des Flugbetriebes auf dem Rollfeld dient die **Start- und Landeeinrichtung.** Sie besteht aus der **Landebahn,** dem **Rollstreifen** und der **Startbahn.** Die Grenze zwischen Landebahn und Rollstreifen wird durch rot-weiß-rote **Fahnen** gebildet (Abb. 3).

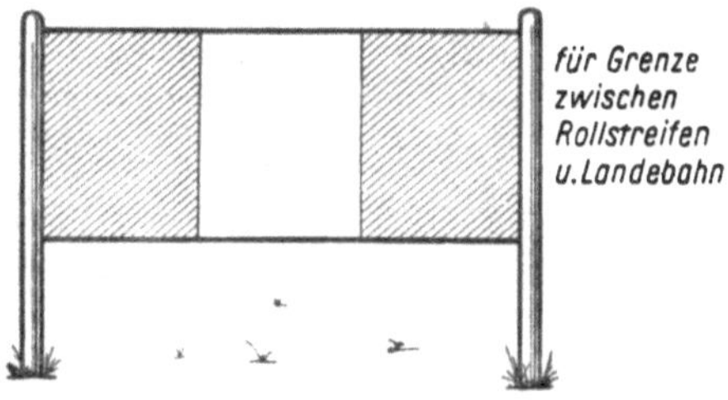

Abb. 3. Begrenzungsfahnen

Gelbe Fähnchen gleicher Art dienen zur Abgrenzung zwischen Startbahn und Rollstreifen. Bei mehrfachem Aufbau wird die Grenze zwischen den einzelnen Start- und Landeeinrichtungen durch schwarz-weiß-schwarze Fähnchen bezeichnet.

17. Die Stelle der Landebahn, an der der landende Flugzeugführer aufsetzen soll, wird durch das **Landekreuz** gekennzeichnet. Es besteht aus zwei Leinwandstreifen, die in T-Form ausgelegt werden (Abb. 4).

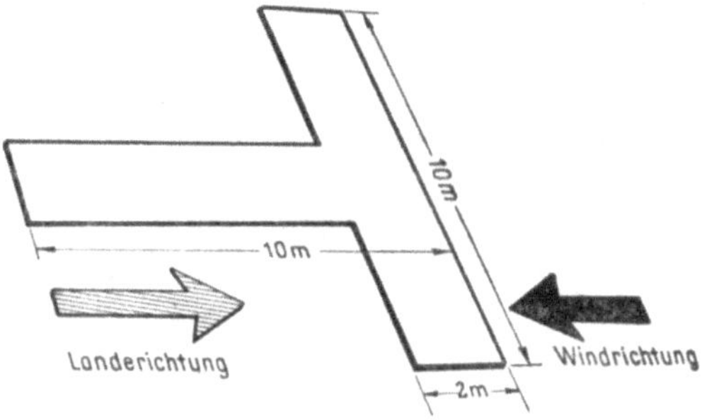

Abb. 4. Landekreuz

18. Der Startplatz ist durch eine **Startflagge** gekennzeichnet. Die Startflagge ist eine weiße Fahne in der Größe 1,10 × 1,10 m mit 2 gekreuzten, schwarzen Balkenstreifen.

B. Hallenordnung

19. Im allgemeinen ist jeder Staffel eine Halle zugeteilt. Die Aufsicht führt der Flzg.-Oberfeldwebel der Staffel (Hallenmeister), der für den gesamten Dienstbetrieb, insbesondere die Wartung, verantwortlich ist. Ihm unterstehen für den Wartungsbetrieb je ein Unteroffizier für Zelle, Triebwerk und Gerät, die die einzelnen Bordwarte und den Staffelbetriebszug beaufsichtigen.

Die Aufstellung der Flugzeuge in den Hallen hat in der Reihenfolge der voraussichtlichen Inbetriebnahme so zu erfolgen, daß keine gegenseitige Berührung der Flugzeuge und damit die Möglichkeit einer Beschädigung eintreten kann (auch nicht bei etwaigem Nachlassen des Reifen- oder Federbeindruckes).

Durchgänge zwischen den Flugzeugen sind freizuhalten, damit diese bei Gefahr schnell aus der Halle gebracht werden können.

Nichtklare Flugzeuge sind durch Schilder zu kennzeichnen.

Das Hallen- und Werkstättengerät ist nach dem Dienst in einem Abstellraum oder an einem hierfür bestimmten Platz geordnet abzustellen.

Eigenmächtige Änderungen an den Halleneinrichtungen sind verboten. Schäden sind nicht selbständig zu beheben, sondern dem nächsten Vorgesetzten zu melden.

Das Hallenvorfeld ist von allen Hindernissen (Fahrzeugen, Bodengeräten, auch Schnee usw.) freizuhalten.

Die Hallen sind sauber zu halten. Unter das Triebwerk abgestellter Flugzeuge sind Ölfangbleche zu stellen.

Bei geschlossenen Toren sind die Schlupftüren offenzuhalten.

Nach dem Dienst sind die Fenster zu schließen, Licht- und Kraftstromschalter auszuschalten, die Wasserleitungshähne zu schließen und die Hallen sowie Nebenräume abzuschließen. Die Schlüssel sind auf der Wache abzugeben, da sämtliche Räume auch nach dem Dienst für Beauftragte zugänglich sein müssen.

Für die Einhaltung der Hallenordnung ist wochenweise ein „Uffz. v. Hallendienst" eingeteilt, dessen Dienst durch die L.Dv. 5/2, Ziffer 31 und 201 festgelegt ist.

C. Allgemeine Unfallverhütung

20. Für die Luftwaffe gelten die „Unfallverhütungsvorschriften der Berufsgenossenschaften der Feinmechanik und Elektrotechnik" (Berlin W 9, Köthenerstr. 37).

Die meisten Unfälle entstehen durch Nichtbeachten der Vorschriften. Auch lang gewohnte Arbeit muß vorschriftsmäßig, mit Beachtung der Sicherheitsvorschriften durchgeführt werden.

Arbeitsplätze und Fußböden müssen unfallsicher sein. Schlüpfrige und glatte Stellen (etwa durch vergossenes Öl oder Fett) sind sofort durch Reinigen oder durch Bestreuen mit Sand unfallsicher zu machen.

Maschinen, Werkzeuge, Geräte, Gerüste, Leitern usw. sind vor ihrer Benutzung auf ihren **ordnungsgemäßen Zustand** und besonders auch auf Unfallsicherheit zu prüfen. Mängel sind dem Vorgesetzten **sofort** zu melden und zu beseitigen. Außergewöhnliche Erscheinungen an den Betriebseinrichtungen sind gleichfalls **sofort** dem Vorgesetzten zu melden.

Die zulässige Belastung von Decken und Treppen, sowie von Hebezeugen darf nicht überschritten werden. Die entsprechenden Aufschriften sind zu beachten. Das Verweilen unter oder auf schwebenden Lasten ist verboten.

Leitern, Rutschen und Ladebäume sind gegen Abgleiten zu sichern. Besonders bei Leitern ist darauf zu achten, daß sie auch gegen Umkanten sowie gegen starkes Schwanken oder Durchbiegen gesichert sind.

Betriebseinrichtungen und Arbeitsgerät sind nur für den Zweck zu verwenden, für den sie bestimmt sind. Die Bedienung der Arbeitsmaschinen durch Unbefugte ist verboten.

Sicherheitseinrichtungen und Schutzvorrichtungen, besonders an Werkzeugmaschinen, dürfen nicht entfernt werden. Schutzgeräte und Schutzmittel sind unbedingt zu verwenden, wo solche vorgeschrieben sind. Dies gilt besonders für Schutzbrillen beim Schleifen und für Atemmasken bei Farbspritzarbeiten. Die Schutzgeräte sind sorgsam zu behandeln, rechtzeitig zu reinigen und instandzusetzen. Fehlendes ist anzufordern.

Beachtet die in jeder Werkstätte angebrachten Unfallplakate!

Jede Verletzung ist sofort zu melden. Auch scheinbar geringfügige Verletzungen können gefährlich werden und sind sachgemäß zu behandeln.

Außer diesen allgemeinen Unfallverhütungsvorschriften sind noch jene zu beachten, die für bestimmte Arbeiten besonders festgelegt sind.

D. Allgemeiner Feuerschutz und Brandbekämpfung

21. Das Rauchen ist in allen Einstellräumen, Flugzeughallen und Werkstätten verboten.

Ausgangstüren dürfen während der Arbeit nicht verstellt werden. Notausgänge sind deutlich zu bezeichnen. Sie sind stets freizuhalten und müssen sich leicht öffnen lassen.

Gebrauchte Putzwolle, Putzlappen und sonstige feuergefährliche Abfälle sind vorübergehend in unbrennbaren Behältern (Blecheimern) mit dichtschließendem Deckel außerhalb der Hallen zu sammeln und möglichst bald zur Reinigung oder weiteren Verwertung abzuliefern. Die Verwahrung in Werkzeugkästen, unter Werkbänken usw. ist verboten, da die Gefahr der Selbstentzündung besteht.

Gasleitungen dürfen nicht mit offener Flamme abgeleuchtet werden. Zur Probe auf Dichtigkeit ist Seifenwasser zu verwenden.

Einstellräume und Flugzeughallen sind feuergefährdete Räume. Die besonderen Bestimmungen für diese Räume sind zu beachten (vgl. L.Dv. 5/2, Ziffer 29).

Die bestehende Feuerlöschordnung ist zu beachten. Sie muß allen bekannt sein.

Die Feuerlöscher für die erste Brandbekämpfung müssen stets gebrauchsfertig und jederzeit leicht zu erreichen sein. Ihre Handhabung, die aus der Gebrauchsanweisung auf jedem Löscher hervorgeht, muß jedem Mann bekannt sein, der in den betreffenden Räumen beschäftigt ist.

Verwendung der verschiedenen Feuerlöscher

1. **Wasserlöscher:** Gegen Brände von Holz, Stroh, Papier usw.
2. **Schaum- und Luftschaumlöscher:** Gegen Brände von Flugzeugflächen, Öl, Benzin, Lacken, Spiritus.
3. **Tetra-** (Tetrachlorkohlenstoff) **und Trockenlöscher:** Gegen Vergaserbrände sowie Brände von Öl, Benzin, elektrischen Anlagen, Motoren, Schaltkästen usw. (Das Löschmittel ist ein elektrischer Nichtleiter.)
4. **Kohlensäureschaumlöscher:** Gegen Brände von teuren Armaturen, Motoren, Funkanlagen, Öl, Benzin und Flächenbrände usw.

Was ist im Brandfalle zu tun?

Gefährdete retten,

Nächste Löschgeräte benutzen und den Brand bekämpfen, Brandherd aus der Nähe angreifen,

Feuer melden,

Hilfe herbeirufen,

Zugluft im Brandraum vermeiden,

Bei Überhandnehmen des Feuers Türen und Fenster des Brandraumes schließen,

Alles für die Feuerwehr vorbereiten.

Je rascher die erste Bekämpfung eines Brandes einsetzt, desto größer ist die Aussicht, ihn zu löschen und den Schaden klein zu halten.

V. Schrifttum der Luftwaffe

22. A. Luftwaffen-**Dienstvorschriften** (abgekürzt **L.Dv.**) sind Bücher oder Hefte, deren Inhalt für die Luftwaffe gültige Befehle und Bestimmungen vermittelt. Sie gliedern sich in

1. **L.Dv.:** Führungsvorschriften, Allgemeine Ausbildungsvorschriften, Allgemeine Truppenvorschriften, Verwaltungsvorschriften und Schießvorschriften.
2. **L.Dv.T.:** Ausbildungsvorschriften an Geräten aller Art (T. = Abkürzung für Technisch).

23. B. Luftwaffen-**Druckschriften** [abgekürzt D.(Luft)] sind solche beschreibenden und belehrenden Inhaltes. Sie gliedern sich in

1. **D.(Luft):** Druckschriften mit allgemeinem Inhalt.
2. **D.(Luft)T.:** Diese behandeln gemeinsam mit den **L.Dv.T.** Gerätebeschreibungen, Wirkungsweise, Instandsetzung, Ausbildung, Bedienung und Wartung von Waffen, Munition und Geräten aller Art. Sie gliedern sich in:
   a) **Gerätehandbücher:** Beschreibung, Wirkungsweise und Instandsetzung von Waffen, Munition und Geräten.
   b) **Flugzeughandbücher:** Diese beziehen sich auf je ein bestimmtes Flugzeugbaumuster und behandeln den Aufbau und die Wirkungsweise des Flugzeuges, der Flugzeugteile und der eingebauten Geräte, sowie die Auf- und Abrüstung des Flugzeuges und die Prüfung der Gesamtanlagen. Flugzeughandbücher sind in Teilhefte gegliedert.
   c) **Bedienungsvorschriften:** Diese behandeln Ausbildung, Bedienung und Wartung. Z. T. sind die darin enthaltenen Abschnitte auch in den Schriften unter a) und b) zu finden.

Die Dienstvorschriften und Druckschriften unter A. und B. **werden** durch Deckblätter berichtigt und ergänzt.

24. C. **TAGL** = **Technische Anweisungen des General der Truppentechnik** sind **Anweisungen, die auf Grund von Erfahrungen, technischen**

Notwendigkeiten oder Neuerungen erforderlich werden und unverzüglich in den Besitz der Truppe gelangen sollen.

Kurzberichte über die TAGL, sowie Hinweise auf neuerschienene oder ungültig erklärte TAGL sind in den **TMGL** = Technische Mitteilungen des General der Truppentechnik zusammengefaßt, die monatlich erscheinen.

25. Man unterscheidet:

1. **Offenes Schrifttum:** Jedem zugänglich; kein Geheimhaltungsschutz erforderlich; blaugrüner Einband ohne besondere Kennzeichnung.
2. **NfD.**-Schrifttum (Nur für den Dienstgebrauch): Jedem Angehörigen der Luftwaffe zugänglich; außerhalb des Dienstes verschlossen aufzubewahren (Holzschränke genügen); blaugrüner Einband mit schwarzem Querstrich.
3. **Geheimes-Schrifttum (g):** Nur einem begrenzten Personenkreis zugänglich; Inhalt ist geheim zu halten; Verwahrung in Blechschränken; roter Einband.
4. **Geheime Kommandosachen (gKdos.):** Nur einem eng begrenzten Personenkreis zugänglich; besonderer Geheimhaltungsschutz; Verwahrung in Panzerschränken; roter Einband mit schrägem, gelbem Querstreifen.

NfD.-, g- und gKdos.-Schriften werden unter der Sammelbezeichnung V.S. = **Verschlußsachen** geführt. Nähere Bestimmungen enthält die L.Dv. 99: Verschlußsachenvorschrift.

Die oben angeführten Schriften werden von der Dv.-Stelle (Druckvorschriftenstelle) der Einheit angefordert, verwaltet und ausgegeben. Sie sollen nicht nur in den verschlossenen Schränken zu finden sein, sondern gehören in die Hand der Personen, die das Flugzeug, den Motor oder das Gerät zu betreuen haben.

Die bei jeder Dv.-Stelle befindliche L.Dv. 1/1 gibt eine Zusammenstellung sämtlicher vorhandener Schriften und kann als Grundlage für Anforderungen dienen. Neuerscheinungen und Veränderungen des Schrifttums werden in Nachträgen und außerdem wöchentlich im **L.V.-Blatt** (Luftwaffenverordnungsblatt) in einer besonderen Anlage bekanntgegeben.

Die wichtigsten Druckschriften sind im Abschnitt Arbeitskunde angegeben.

Auszug aus der Flugtechnik

I. Physikalische Grundbegriffe

A. Allgemeine technische Begriffe

1. Maße und Messen

26. Für alle technischen Größen sind Grundeinheiten festgelegt, auf die alle praktisch vorkommenden Werte bezogen werden. Diese Grundeinheiten heißen **Maßeinheiten** und sind entweder unmittelbar der Natur entnommen (Urmaßeinheiten) oder von solchen Urmaßen abgeleitet.

Beim **Messen** irgendeiner technischen Größe wird diese mit der gleichartigen Maßeinheit verglichen und festgestellt, wie viele solche Maßeinheiten die zu messende Größe hat. Der gefundene Zahlwert heißt **das Maß** der betreffenden Größe.

Bei jeder Messung sind zu unterscheiden:

a) Die **Maßeinheit, in der** gemessen wird.

b) Das **Meßgerät, mit dem** gemessen wird.

c) Das **Verfahren, wie gemessen** wird.

Beispiele: Ein **Gewicht** wird **mit** der **Waage in Kilogramm** (kg) gemessen, **durch Anhängen** oder **Auflegen** des zu wägenden Gegenstandes.

Eine **Länge** wird gemessen **in Meter** (m), **mit** dem **Bandmaß** (oder anderen Längenmeßgeräten), **durch Anlegen** desselben an die zu messende Länge.

Zum Messen einer bestimmten Größe können verschiedene Maßeinheiten, Meßgeräte und Meßverfahren verwendet werden.

Durch Unterteilen oder Vervielfachen einer Maßeinheit (meist mit einem Vielfachen von 10, also mit 10, 100, 1000 usw.) ergeben sich neue Maßeinheiten, von denen jene verwendet werden, die möglichst einfache Zahlwerte (mit wenig Nullen bzw. Dezimalstellen) ergeben.

Beispiel: Längen werden auf technischen Zeichnungen von Maschinen oder deren Teilen meist in mm (Millimeter) = 1/1000 m (Meter), auf Bauzeichnungen in m (oder cm) und auf Landkarten in km (Kilometer = 1000 m) angegeben.

Das Meßgerät und das Meßverfahren sind nach der Größe des zu bestimmenden Maßes und der geforderten **Genauigkeit** zu wählen. Ein vollständig genaues Messen ist unmöglich. Der Messende muß wissen, welche **Meßfehler** zulässig sind und danach Meßgerät und Meßverfahren wählen.

Beispiel: **Längenmeßgeräte**

Meßgerät	übliche Maßgröße	ungefähre Meßgenauigkeit = möglicher Meßfehler
Bandmaß	bis 10 oder 25 m	1 cm
Gliedermaßstab	bis 1 oder 2 m	1 mm
Stahlmaß, Stahlband	bis 1 oder 2 m	$^1/_2$ mm
Schublehre	bis 200 oder 500 mm	$^1/_{10}$ mm
Mikrometer	bis 25 oder 50 mm	$^1/_{100}$ mm

2. Geometrische Größen

a) Längenmaße

27. Die **Einheit der Länge** ist das **Meter (m).** Normalmaßstäbe mit der Länge 1 m (Urmeter), an die alle Längenmeßgeräte durch Eichung angeschlossen sind, befinden sich in fast allen Ländern der Erde in staatlichen Anstalten.

Abgeleitete Einheiten:

1 km (Kilometer) = 1000 m

1 m = 10 dm (Dezimeter) = 100 cm (Zentimeter) = 1000 mm (Millimeter).

Jede folgende Einheit ist dabei $^1/_{10}$ der vorhergehenden.

Andere Längeneinheiten:

1 engl. Zoll = 1″ = 25,4 mm

1 Seemeile = 1852 m

b) Flächen und Flächenmaße

28. Die Fläche hat **zwei** Ausdehnungen: **Länge** und **Breite.**

aa) Das Quadrat

Die Einheit des Flächenmaßes ist das **Quadratmeter (qm oder m²),** die Fläche eines Quadrates von 1 m Seitenlänge (Abb. 5).

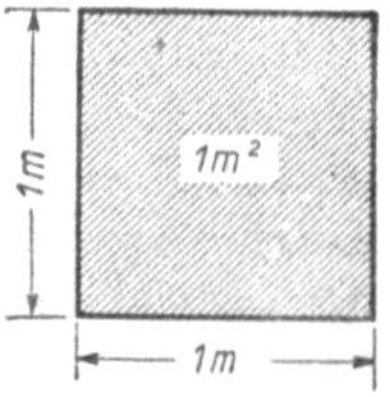

Abb. 5. Quadratmeter

Abgeleitete Einheiten:

1 km² (Quadratkilometer) = 100 ha (Hektar) = 10000 a (Ar) = 1000000 m²

$1\,m^2 = 100\,dm^2$ (Quadratdezimeter)
$= 10\,000\,cm^2$ (Quadratzentimeter)
$= 1\,000\,000\,mm^2$ (Quadratmillimeter)

Jede folgende Einheit ist $^1/_{100}$ der vorhergehenden.

bb) Der Kreis

29. Kreisumfang = 3,14 × Kreisdurchmesser

Kreisfläche $= \frac{3{,}14}{4} \cdot d^2 = 0{,}785 \times$ Fläche des Quadrates mit dem Kreisdurchmesser als Seite.

Ein Kreis mit 1 cm^2 Flächeninhalt hat einen Durchmesser von 1,28 cm.

Der Vollkreis wird in 360 Winkelgrade (kurz Grade) eingeteilt. Der Winkel des Viertelkreises heißt **rechter Winkel** und enthält 90 Grade (90^0). Unterteilung des Grades:

1^0 (Grad) = 60′ (Minuten); 1′ = 60″ (Sekunden).

c) **Raummaße**

30. Der Raum hat **drei** Ausdehnungen: **Länge, Breite** und **Höhe.** Die Einheit des Raummaßes ist das **Kubikmeter (cbm oder m^3),** das ist der Rauminhalt eines Würfels mit 1 m Seitenlänge (Abb. 6).

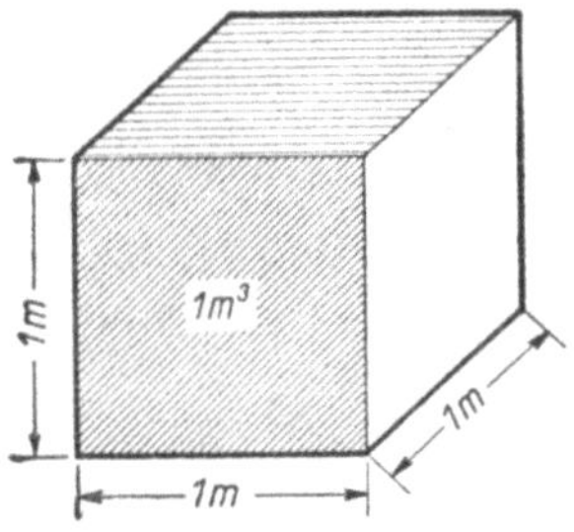

Abb. 6. Kubikmeter

Abgeleitete Einheiten:

$1\,m^3 = 1000\,dm^3$ (Kubikdezimeter) = 1000 l (Liter)

$1\,dm^3 = 1$ l (Liter) $= 1000\,cm^3$ (Kubikzentimeter)

$1\,cm^3 = 1000\,mm^3$ (Kubikmillimeter)

Jede Einheit ist $^1/_{1000}$ der vorhergehenden.

Kubikdezimeter (dm^3) und **Liter** (l) sind gleich große **Raumeinheiten;**

1 hl (Hektoliter) = 100 l = 100 dm^3 = 0,1 m^3.

Der Raum, den ein Körper einnimmt, wird als sein **Rauminhalt** oder sein **Volumen** bezeichnet. Feste und flüssige Stoffe haben ein bestimmtes Volumen, während gasförmige bestrebt sind, jeden Raum auszufüllen, der ihnen geboten wird.

Feste Stoffe haben ein bestimmtes Volumen und eine bestimmte Form.

Der Rauminhalt unregelmäßiger fester Körper kann durch Eintauchen des Körpers in ein mit einer Flüssigkeit gefülltes Meßglas bestimmt werden. Die Flüssigkeit steigt um so viele cm^3, wie der Körper Rauminhalt hat.

3. Größen aus der Mechanik

a) Kraft, Gewicht, Wichte

31. **Kräfte** sind die Ursache aller Bewegungs- oder Formänderungen der Körper. Jede Kraft hat einen bestimmten **Angriffspunkt,** eine bestimmte **Richtung** und eine bestimmte **Größe.**

Beispiel: Gewichtsdruck eines Flugzeuges am Boden. Dieser Gewichtsdruck zeigt sich als Kraft in der Formänderung (Abplattung) der Radreifen am Boden. Angriffspunkt: Schwerpunkt des Flugzeuges, Richtung: Lotrecht von oben nach unten, Größe: Gewicht des flugklaren Flugzeuges mit Besatzung (Fluggewicht).

Eine Kraft, die **Schwerkraft,** die wie im Beispiel durch die Anziehungskraft der Erde erzeugt wird, heißt **Gewicht.**

32. Die **Einheit der Kraft** ist das **Kilogramm (kg),** das ist das Gewicht von 1 dm³ (l) reinem Wasser bei einer Temperatur von 4° C.

Abgeleitete Krafteinheiten:

1 kg = 1000 g (Gramm)
1 g = 1000 mg (Milligramm)
1 t (Tonne) = 1000 kg (Kilogramm)

Kräfte, insbesondere Gewichte, werden bekanntlich mit **Waagen** gemessen.

33. Von technischer Bedeutung ist das **Gewicht der Raumeinheit** eines Stoffes. Dieses Gewicht heißt **Wichte** (spezifisches Gewicht) des Stoffes. Die Wichte wird ausgedrückt in **kg/dm³** (Kilogramm **je** Kubikdezimeter) oder **g/cm³** (Gramm je Kubikzentimeter). Die Zahlwerte sind bei beiden Benennungen gleich, da beide Einheiten (kg und dm³) das tausendfache der g bzw. cm³ betragen.

Da 1 dm³ Wasser 1 kg wiegt (bei 4° C), ist die

Wichte des Wassers = 1 kg/dm³ bzw.
= 1 g/cm³
= 1 t/m³.

Der Zahlwert der Wichte eines anderen Stoffes kann daher durch den Vergleich des Gewichtes einer beliebigen Menge dieses Stoffes mit dem Gewicht der gleichen Raummenge Wasser bestimmt werden.

34. Zur Bestimmung der Wichte kann man auch das **Gewicht** und den **Rauminhalt** einer beliebigen Menge des zu messenden Stoffes ermitteln und beide Werte dann durcheinander dividieren. Es ist also:

$$\textbf{Wichte}\ (\text{kg/dm}^3 \text{ bzw. g/cm}^3) = \frac{\text{Gewicht (kg bzw. g)}}{\text{Rauminhalt (dm}^3 \text{ bzw. cm}^3)}$$

Wichten einiger Stoffe:

Stoff	Wichte in kg/dm³ bzw. g/cm³
Holz	rund 0,8
Elektron	1,8
Duralumin	2,8
Stahl	7,1...7,8
Blei	11,4
Quecksilber	13,6
Platin	12,5
Benzin	rund 0,72
Petroleum	0,80
Benzol	0,88
übliche Kraftstoffe	rund 0,75
übliche Schmierstoffe	rund 0,92

b) Druck

35. Wirkt eine Kraft gleichmäßig verteilt auf eine Fläche, so übt sie auf jede Flächeneinheit eine bestimmte Kraft aus, die als **Druck** bezeichnet wird. Solche gleichmäßig verteilte Drücke sind immer bei Flüssigkeiten oder Gasen in geschlossenen Behältern vorhanden, da die

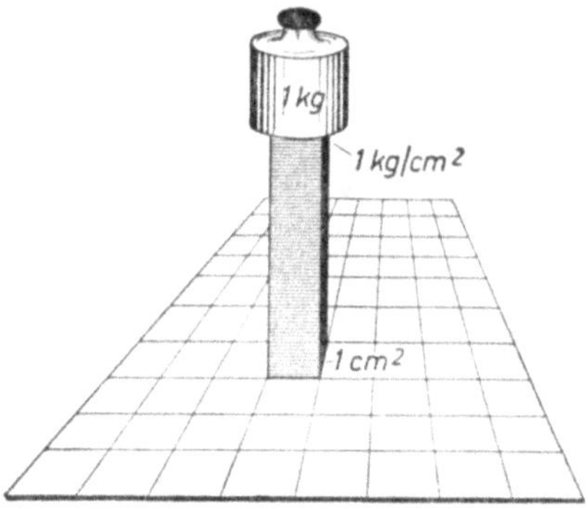

Abb. 7. Technische Atmosphäre

Stoffe in diesem Zustand nicht formbeständig sind und jeden auf sie an irgendeiner Stelle ausgeübten Druck nach allen Seiten weiterleiten und somit auf die Gefäßwände verteilen.

Die **Einheit des Druckes** ist der Druck von 1 kg auf jedem cm² gedrückte Fläche (**kg/cm²** = Kilogramm je Quadratzentimeter). Diese

Einheit wird auch als technische Atmosphäre oder kurz **Atmosphäre (at)** bezeichnet (Abb. 7).

Druckangaben in at oder kg/cm² sind daher gleichbedeutend, genau wie Volumenangaben in dm³ oder l.

Die gleiche Maßeinheit wird auch zur Bezeichnung von **Druckunterschieden** zweier Drücke verwendet. Man spricht dann von **Überdruck** und kennzeichnet ihn durch die Bezeichnung **atü.**

Die Meßgeräte für Drücke heißen **Druckmesser** (Manometer) (vgl. Einteilung der Bordgeräte).

c) Spannung, mechanische Festigkeit

36. Kräfte, die im Inneren fester Körper auf eine Fläche verteilt auftreten, heißen **Spannungen.** Da feste Körper das Bestreben haben, formbeständig zu sein, treten dabei meist nur sehr kleine **Formänderungen** auf. Man unterscheidet

Zugspannungen (der Körper wird verlängert),

Druckspannungen (der Körper wird verkürzt) und

Schubspannungen (der Körper wird verzogen, aus einer rechteckigen Querschnittsfläche wird beispielsweise ein schiefwinkeliges Viereck).

Spannungen werden genau wie Drücke in **kg/cm²,** manchmal auch in **kg/mm²** (Zahlwert 100-mal so klein) gemessen.

Bei jeder Belastung eines Körpers durch irgendwelche Kräfte treten in dem Körper Spannungen auf, die die Belastung aufnehmen. Der Größtwert der Spannung, die ein Werkstoff aufnehmen kann und bei deren Überschreiten er zerstört wird, heißt **Bruchspannung.** Bei Zugspannungen nennt man die Bruchspannung auch **Zerreißfestigkeit.**

B. Physik der Luft

1. Die Lufthülle

37. Die Erdkugel ist von einem Luftmantel, der Atmosphäre, umgeben, die im Vergleich zum Erddurchmesser eine verhältnismäßig geringe Stärke besitzt.

Die Luft besteht in Erdnähe aus einem Gemisch folgender Gase:

78% Stickstoff
21% Sauerstoff
1% Edelgase.

38. Die Atmosphäre denkt man sich aus mehreren Schichten aufgebaut:

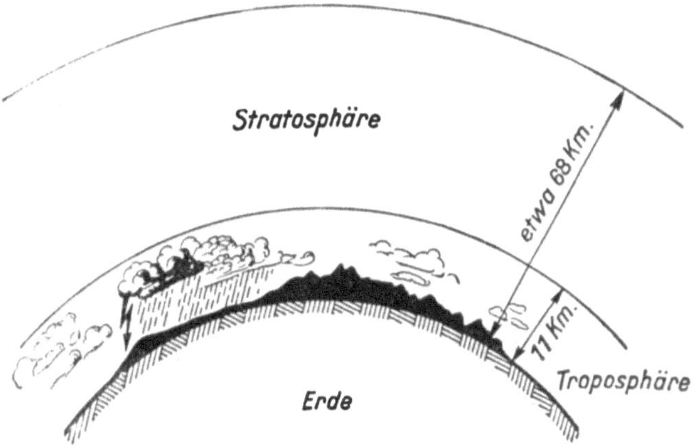

Abb. 8. Troposhäre und Stratosphäre

a) **Die Troposphäre,** bis 11 km Höhe reichend, ist gekennzeichnet durch Wetterbildung (Wind, Wolken, Niederschläge) und mit der Höhe abnehmende Temperatur (bis — 56,5° C).

b) **Die Stratosphäre,** bis etwa 68 km Höhe reichend, ist gekennzeichnet durch das Fehlen von Wettererscheinungen, z. B. Wolken. Es herrschen nur gleichmäßige Luftströmungen (Winde); ferner besteht eine gleichmäßige Temperatur von — 56,5° C.

2. Das Luftgewicht und die Luftwichte

39. Würde man einen 1 m^3 (Kubikmeter) fassenden Behälter in Meereshöhe einmal mit Luft gefüllt wiegen, das andere Mal, nachdem man ihn luftleer gepumpt hat, so könnte man einen Gewichtsunterschied von etwa 1,3 kg feststellen. 1 m^3 Luft wiegt also (unter diesen Umständen) etwa 1,3 kg.

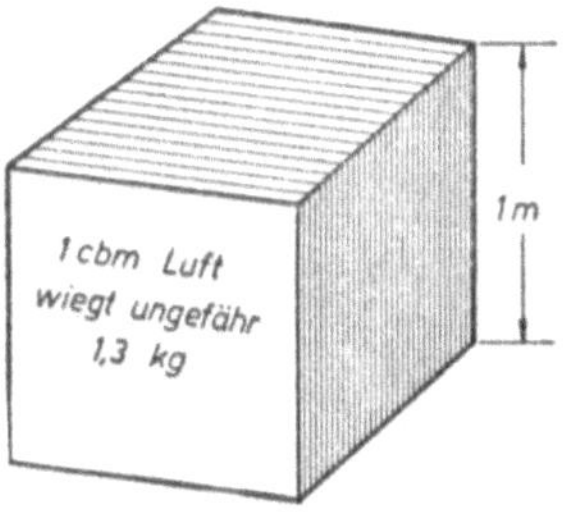

Abb. 9.
Gewicht von 1 cbm Luft

40. Dieses Raumgewicht der Luft nennt man die **„Luftwichte“.**

Die Luftwichte beträgt bei normalem Luftdruck über dem Meeresspiegel

1,3 kg/m^3.

3. Der Luftdruck

41. Die gesamte Lufthülle der Erde hat ein großes Gewicht und drückt daher mit erheblicher Kraft auf die Erdoberfläche. Dieser Druck der Luft pflanzt sich wegen der allseitigen Beweglichkeit der Luft nach allen Richtungen fort, genau so wie ein Druck im Inneren eines Behälters (vgl. Allgemeine technische Grundbegriffe, S. 23), und wirkt daher nicht nur von oben auf waagrechte Flächen, sondern auch von den Seiten und von unten.

Dieser allseitig auf alle Körper wirkende Druck heißt **Luftdruck.**

Der Luftdruck ist für gewöhnlich trotz seiner Größe nicht zu spüren, da im Inneren aller Körper, auch im menschlichen Körper, ein gleich großer Gegendruck vorhanden ist, der dem äußeren Luftdruck entgegenwirkt und ihn aufhebt.

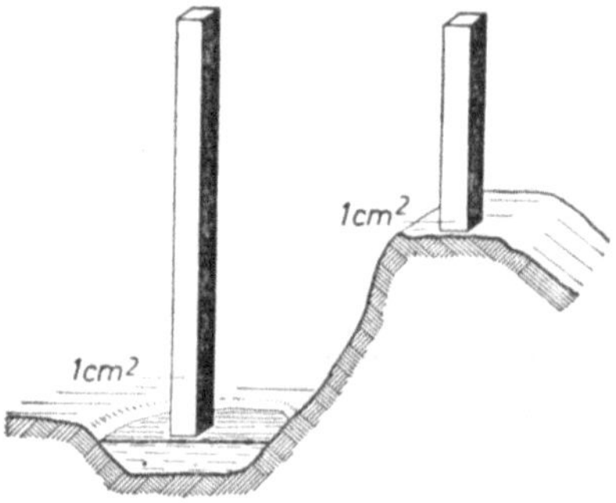

Abb. 10. Höhenunterschiede und Druckunterschiede

Mißt man einmal den Luftdruck in Meereshöhe und dann in größerer Höhe über dem Meeresspiegel, z. B. auf einem hohen Berge, so erhält man zwei verschiedene Werte, und zwar ist der Luftdruck umso geringer, je höher der Ort liegt, an dem gemessen wird.

In 5,5 km Höhe beträgt der Luftdruck nur die Hälfte, in etwa 10 km nur $\frac{1}{4}$ des Druckes in Meereshöhe.

Die Ursache hierfür liegt darin, daß die Luftsäule vom Meeresspiegel bis zur Grenze der Atmosphäre größer und damit auch schwerer ist als vom Berg bis zur Grenze der Atmosphäre.

Wird ein luftleeres, geschlossenes Glasrohr senkrecht in ein Gefäß mit Quecksilber gestellt und unten geöffnet, so steigt das Quecksilber in dem Rohr so hoch, bis das Gewicht der Quecksilbersäule dem Gewicht der Luft, das ist also dem Luftdruck, der auf jeden entsprechend großen Teil der freien Quecksilberoberfläche des Gefäßes drückt, das Gleichgewicht hält.

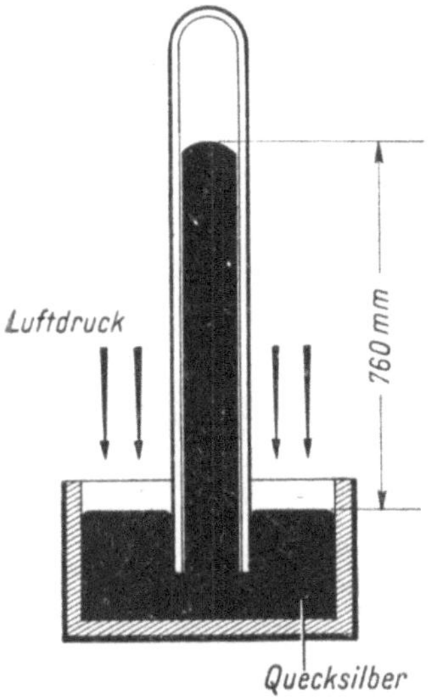

Abb. 11. Quecksilbersäule

Bei 0^0 C in Meereshöhe und bei normalen Wetterverhältnissen steigt bei diesem Versuch die Quecksilbersäule 760 mm hoch. Dieser Druck wird **Normaldruck** genannt. Eine Luftsäule vom Meeresspiegel bis zur Grenze der Lufthülle wiegt also ebensoviel wie eine Quecksilbersäule von gleichem Querschnitt und 760 mm Höhe.

Jeder Druckhöhe entspricht eine bestimmte, in mm anzugebende Höhe dieser Quecksilbersäule, die daher als Maß für die Größe des Luftdrucks benutzt werden kann.

Die daraus abgeleitete Druckeinheit ist 1 Millimeter Quecksilbersäule (mm QS). Der Druck von 1 mm QS bei 0^0 C auf dem 45. Breitengrad wird 1 Torr genannt (nach dem italienischen Physiker Torricelli). Bei der Luftwaffe wird jedoch eine andere, etwas kleinere Einheit verwendet, das Millibar (mb). In guter Näherung ist

$$1 \text{ mb} = 0{,}75 \text{ Torr}$$
$$1000 \text{ mb} = 750 \text{ Torr}$$

4. Die Wucht der Luft

42. Wird ein Körper bewegt, so ist in ihm eine „**Wucht**" aufgespeichert. Man sagt dazu auch **Bewegungsenergie.**

Beim Abbremsen, z. B. beim Aufprall dieses Körpers, wird diese aufgespeicherte Wucht wieder als Arbeit frei, was jedem Kegler

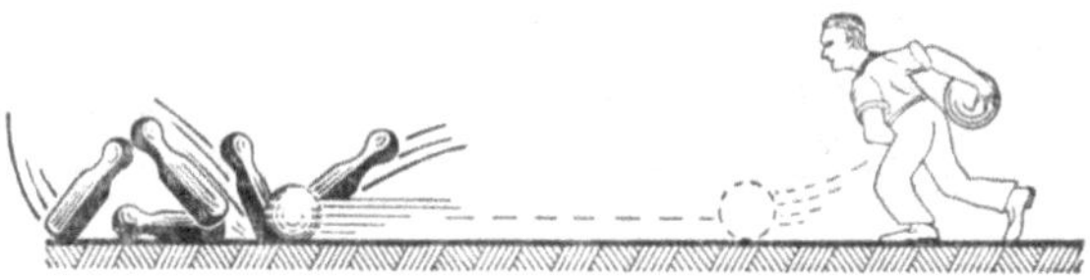

Abb. 12. Wucht beim Kegeln

Abb. 13. Wucht beim Hammerschlag

Abb. 14. Wucht des Windes

bekannt ist. Wenn er zum Anrollen der Kugel viel Arbeit aufgewandt hat, ist die Wirkung entsprechend stark.

Die Wucht eines Hammers wirkt, wenn der Hammer auf den Nagel trifft und ihn in die Wand treibt.

Je größer die Geschwindigkeit oder das Gewicht eines Hammers ist, um so weiter wird ein Nagel mit jedem Schlag eingetrieben.

Ein Geschoß leistet ebenfalls beim Aufschlag Arbeit, und zwar Zerstörungsarbeit.

Auch bewegte Luft kann beim Anprall Arbeit leisten, wie jedes Segelschiff erkennen läßt. Denn die Luft hat ebenfalls Gewicht und kann daher auch eine Wucht wie jeder andere bewegte Körper ausüben.

5. Die Lufttemperatur

43. Die Lufthülle der Erde wird in der Hauptsache vom Erdboden her erwärmt, der die Wärmeenergie der Sonnenstrahlung aufnimmt. Die Wärmeaufnahme durch die unmittelbar von der Atmosphäre aufgefangene Sonnenstrahlung ist demgegenüber gering.

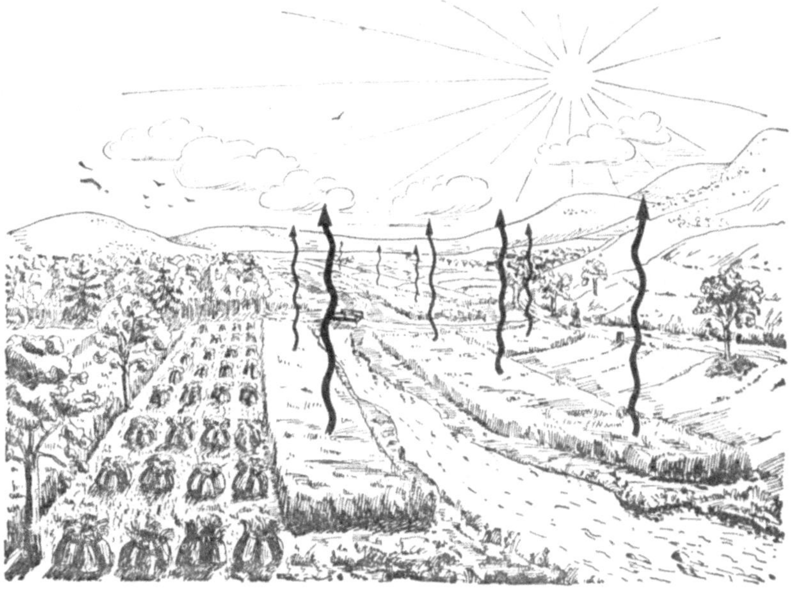

Abb. 15. Sonnenstrahlung und Luftströmung

Dagegen erwärmen die Sonnenstrahlen je nach Art und Bedeckung des Erdbodens diesen verschieden stark. Diese Wärme wird an die untersten Luftschichten abgegeben. Die erwärmte Luft steigt aufwärts, während die kältere Luft nach unten sinkt. Dadurch entstehen Strömungen, durch die die Wärme auch an die höheren Schichten abgegeben wird.

Die Temperatur nimmt normalerweise (bis 11 km) nach oben ab, was man beim Besteigen eines hohen Berges deutlich verspürt. In 11 km und darüber bleibt die Temperatur unverändert = —56,5 C.

II. Einteilung der Motorflugzeuge

A. Nach den Baustoffen

44. 1. **Die Holzbauweise:** Baustoff für Rumpf und Flügelholme meist Kiefer, weniger beanspruchte Teile und Verkleidungen aus Linde. Beplankung aus Sperrholz (Birke oder Buche).

Vorteil: Leichte Reparaturmöglichkeit.

Nachteil: Splitter- und Brandgefahr bei Bruchlandungen. Durch Wettereinflüsse Gefahr der Verrottung wichtiger Leimstellen.

45. 2. **Die Gemischtbauweise:** Baustoffe: Metall, Holz und Stoff. Rumpf meist ein verschweißtes Rohrgerippe mit Querspanten aus Holz und Stoffbespannung. Beim Flügel finden Holz- und Metallholme, Holz- oder Metallrippen Verwendung. Als Haut Stoffbespannung und z. T. Holzbeplankung.

Vorteil: Erhöhte Sicherheit für die Besatzung bei Bruchlandungen, bessere Kontrolle des Rumpfes.

Nachteil: Schlechtere Verbindungsmöglichkeit der aus verschiedenartigen Stoffen bestehenden Bauelemente miteinander.

46. 3. **Die Metallbauweise:** Anfänglich Stahl, später Dural. Rümpfe zunächst aus Duralrohren, Spanten aus U- oder C-Profilen, Haut aus gewelltem Duralblech; später Rümpfe in Schalenbauweise mit glatter, voll mittragender Haut.

Vorteil: Hohe Festigkeit, somit große Sicherheit; große Lebensdauer, verhältnismäßig große Widerstandsfähigkeit gegen Beschuß.

Die Einteilung der Luftfahrzeuge

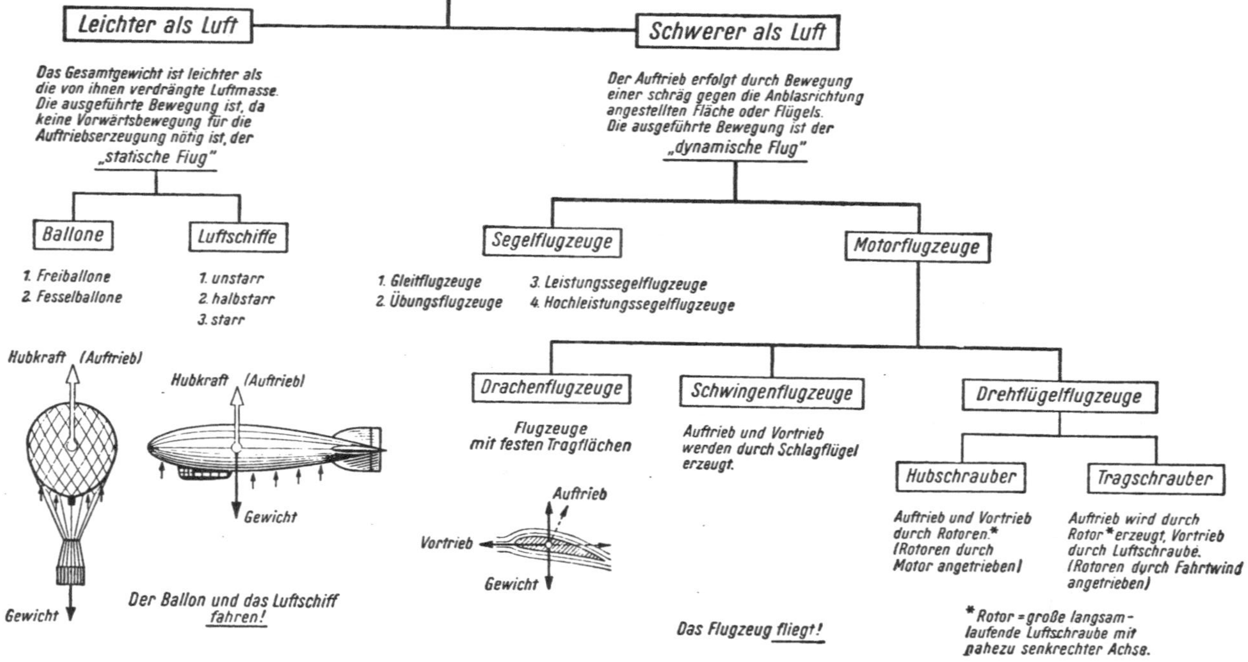

B. Nach der Anordnung der Tragflügel

47. 1. **Eindecker:**

Vorteile: Übersichtlicher Aufbau, aerodynamisch hochwertig, da ein einzelner Flügel ungestörter in der Strömung liegt (geringer Luftwiderstand und günstige Auftriebserzeugung). Einbauten im dicken Flügel (Kraftstoffbehälter, Einziehfahrwerk).

Nachteile: Die Verteilung des Fluggewichtes auf nur einen Flügel bedingt großes Flächenausmaß und dadurch eine schwerere Bauart.

a) **Der Hochdecker** bietet gute Sicht nach unten, daher wird er hauptsächlich für die Aufklärung verwendet (Hs 126). Die tiefe Schwerpunktslage ergibt stabile Flugeigenschaften.

b) **Der Schulterdecker** hat bei einmotorigen Flugzeugen schlechte Sichtverhältnisse, bei mehrmotorigen vereinigt er gute Flugeigenschaften mit günstiger Bauweise (Do 17, Do 217).

c) **Der Mitteldecker** bringt meist konstruktive Schwierigkeiten und wird selten angewendet (Ju 88).

d) **Der Tiefdecker** wird wegen vieler baulicher und aerodynamischer Vorteile heute dort verwendet, wo große Geschwindigkeiten gefordert werden (Me 109, Fw 190, He 111).

Durch den tiefliegenden Flügel bildet sich bei Start und Landung eine Art Luftpolster zwischen Flügel und Boden, welches das Abheben und Aufsetzen erleichtert. Das Einziehfahrwerk ist gut unterzubringen.

48. 2. **Der Eineinhalbdecker** wurde für Jäger älterer Bauart wegen der besseren Sicht angewendet (He 51).

49. 3. **Der Doppeldecker** ergibt durch günstige Verspannung der Tragflächen große Festigkeit, daher für Schulmaschinen geeignet (Bü 131, He 72, Fw 44). Für große Geschwindigkeiten nicht geeignet.

C. Nach der Landemöglichkeit

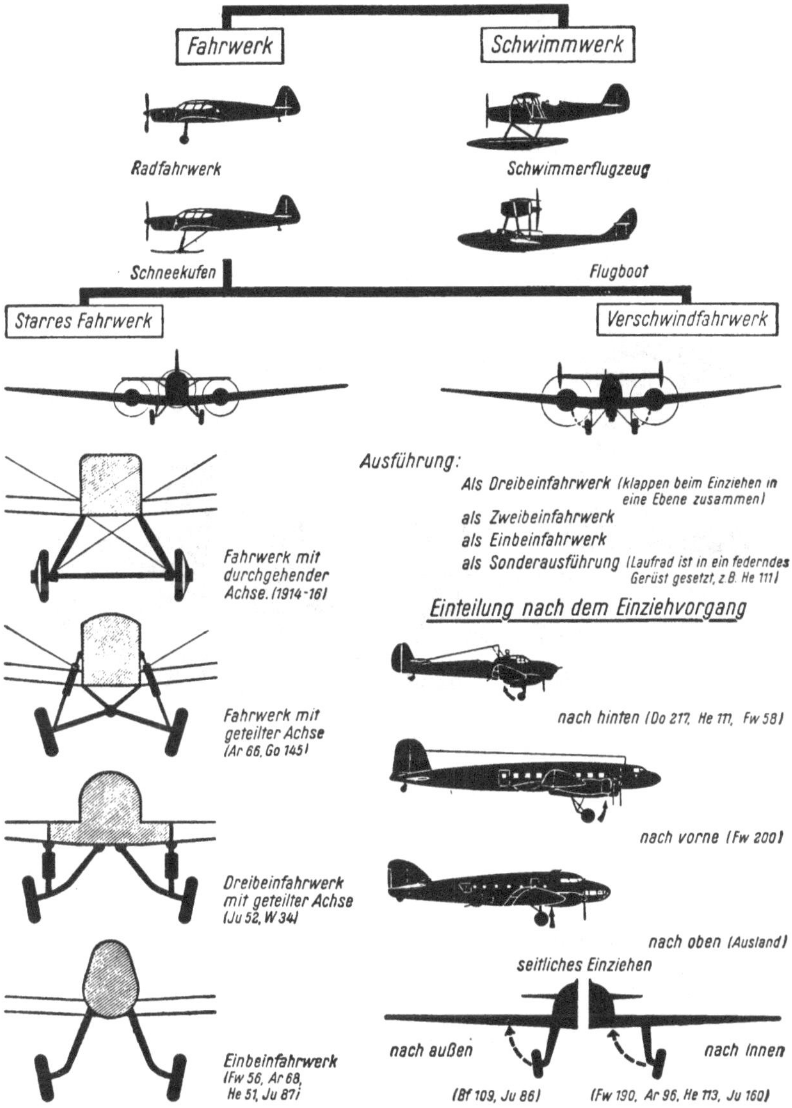

D. Nach dem militärischen Verwendungszweck

Zu Beginn der Militärluftfahrt wurde jedes Flugzeug zu verschiedenen Aufgaben herangezogen. Im Laufe der Zeit wurden jedoch für die verschiedenen Zwecke besondere Flugzeugmuster entwickelt.

1. Schulflugzeuge (A-Flugzeuge)

50. Diese werden bei der Ausbildung der Flugschüler zu Flugzeugführern verwendet.

Abb. 16. Bücker Bü 131 (Übungsflugzeug A/B)

2. Übungsflugzeuge

51. B-Flugzeuge und C-Flugzeuge sowie Sonderflugzeuge für die Navigationsausbildung, für die Jagdausbildung und für die Kampfausbildung.

Die Übungsflugzeuge dienen also zur Weiterbildung der Flugzeugführer für den jeweils beabsichtigten Fronteinsatz.

3. Einsatzflugzeuge

Hierbei unterscheidet man:

a) **Aufklärerflugzeuge (Aufklärer).** Diese haben die Aufgabe durch Beobachtung und Lichtbildaufnahmen in und hinter der Front des Feindes Klarheit zu schaffen, das Artilleriefeuer zu leiten und andere Aufgaben in Zusammenarbeit mit den Feldtruppen zu übernehmen.

Abb. 17. Focke Wulf Fw 58 „Weihe“ (Übungsflugzeug C)

Abb. 18. Arado Ar 96 B (Übungsflugzeug Jagd)

52. aa) **Der Nahaufklärer** oder Heeresaufklärer, das „Auge des Heeres“, übernimmt die unmittelbare Zusammenarbeit mit dem Heer. Aufklärung in und kurz hinter der Front des Gegners, Zerstreuung

kleiner Truppenansammlungen oder von Transporten, Einschießen von Artillerie und Zusammenarbeit mir den Panzertruppen sind seine Hauptaufgaben. Die Besatzung besteht im allgemeinen aus dem Flugzeugführer und einem Beobachter. Bewaffnet ist der Nahaufklärer meist mit einem oder zwei starr eingebauten Maschinengewehren für den Flugzeugführer und einem beweglichen für den Beobachter. Da der

Abb. 19. Focke Wulf Fw 200 „Condor"

Nahaufklärer auf kleinen Behelfsflugplätzen landen muß, hat man ihn für eine geringe Landegeschwindigkeit gebaut.

53. bb) **Die Fernaufklärer** müssen weit in das Innere des Feindgebietes vordringen, um Unterlagen für die operative Kriegführung zu schaffen. Sie müssen große Reichweite haben, sich selbst verteidigen können und zur Durchführung ihrer Aufgaben Reihenbildgeräte, Funkausrüstung usw. mit sich führen. Technisch werden ähnliche Leistungen verlangt wie bei den Bombenflugzeugen, so daß letztere auch als Fernaufklärer verwendet werden können.

b) Jagdflugzeuge (Jäger). Diese werden zur Bekämpfung von Luftzielen verwendet.

54. aa) **Jagdeinsitzer** und **Jagdzweisitzer** werden zur Verteidigung eingesetzt, um feindliche Flugzeuge in der Luft zu bekämpfen. Daraus

Abb. 20. Blohm und Voß Ha 139 B (See)

ergibt sich die Forderung, daß sie hinsichtlich der Geschwindigkeit, Steigleistung und Wendigkeit den höchsten Anforderungen entsprechen. Für Tagesangriff auf nicht zu entfernt liegende Ziele werden Jagdflugzeuge auch als Bomber (Jagdbomber) eingesetzt.

Das ausgesprochene Jagdflugzeug ist meist ein Einsitzer. Seine Bewaffnung besteht aus mehreren Maschinengewehren oder Kanonen.

Abb. 21. Messerschmitt Me 109 (Jagdeinsitzer)

Diese Waffen sind starr eingebaut, so daß der Flugzeugführer das Ziel anfliegen und anvisieren muß. Die Reichweite des Flugzeuges ist meist gering, da zugunsten der Flugleistungen auf die Einrichtungen zur Mitnahme größerer Betriebsstoffmengen verzichtet werden muß.

55. bb) **Zerstörer.** Dieser ist für größere Reichweiten gebaut und dient zur Begleitung von Kampfflugzeugen (Bombern) und wird zu Sonderaufgaben herangezogen. Meist ist der Zerstörer ein zweisitziges und zweimotoriges Flugzeug, das durch seine starke Bewaffnung auch in der Lage ist, entscheidend in Kampfhandlungen auf der Erde einzugreifen.

Abb. 22. Messerschmitt Me 110

c) **Kampfflugzeuge.** Diese dienen zur Bekämpfung von Erdzielen.

56. aa) **Bombenflugzeuge.** Diese werden zur operativen Kriegsführung, d. h. zur Zerstörung der Rüstungsindustrie sowie der Häfen und Flugplätze und sonstigen militärisch wichtigen Anlagen des Feindes verwendet. Außerdem dienen sie zur Erkundung und Störung des feindlichen Aufmarsches.

Ihrer Aufgabe entsprechend handelt es sich hierbei um Flugzeuge mit zwei oder vier Motoren und großer Reichweite (drei Motoren werden bei Kampfflugzeugen nicht verwendet, weil der dritte Motor an der Rumpfspitze die Sicht und das Schußfeld einengen würde).

Abb. 23. Heinkel He 111

Abb. 24. Dornier Do 217 I

bb) **Sturzkampfflugzeuge (Stuka).** Diese sind eine Sonderbauart der Kampfflugzeuge und haben die Aufgabe, nach einem Anflug in größerer Höhe, zur Erhöhung der Treffsicherheit im Sturzflug an das Ziel heranzugehen und dann den Bombenwurf auszuführen.

Der Abwurf erfolgt so, daß der Flugzeugführer, bei entsprechender Steuerung des Flugzeuges, selbst das Ziel anvisiert, so daß er sich gleichzeitig als Bombenschütze betätigt. Das bei diesem Verfahren erforderliche

Abb. 25. Junkers Ju 88

Durchstürzen großer Höhen hat große Geschwindigkeiten zur Folge. Beim Abfangen treten große Fliehkräfte und damit große, insbesondere vom Tragwerk aufzunehmende Beanspruchungen auf. Bei neuzeit-

Abb. 26. Fieseler-„Storch" Fi 156

lichen Sturzkampfflugzeugen muß daher die Sturzfluggeschwindigkeit durch eine Sturzflugbremse, die in Form einer Klappe aus dem Flügel vor dem Sturz ausgefahren wird, verringert werden.

57. d) **Verbindungsflugzeuge** haben nur geringe Reise- und Landegeschwindigkeit und können daher in schwierigem Gelände landen.

Sie dienen zur Aufrechterhaltung der Verbindung zwischen Befehlsstellen.

e) **Transportflugzeuge**

58. Die neuzeitliche Kriegsführung bringt die Notwendigkeit mit sich, Truppen und Material schnell auf große Entfernungen zu beför-

Abb. 27. Junkers Ju 52/3 m

dern. Die hierbei in Frage kommenden Flugzeuge müssen geräumig sein, ausreichend Lasten tragen können und voll blindflugtauglich sein. Sie müssen also dieselben Forderungen erfüllen wie die zur Lastenbeförderung dienenden Verkehrsflugzeuge.

59. **Erklärung der Abkürzungen**

Ar = Arado-Flugzeugwerke (Ar 66, Ar 76, Ar 96)
Bü = Bücker-Flugzeugwerke (Bü 131, Bü 181)
Bv = Blohm u. Voss (Bv 138, 139, 141)
Do = Dornier-Flugzeugwerke (Do 17, Do 18, Do 217)
Fh = Flugzeugwerke Halle (Siebel) (Fh 104, Fh 204)
Fi = Fieseler-Flugzeugwerke (Fi 156, 158)
Fw = Focke-Wulf-Flugzeugwerke (Fw 44, Fw 56, Fw 190, Fw 200)

Go = Gothaer-Waggonfabrik (Go 145)
He = Heinkel-Flugzeugwerke (He 70, He 72, He 111, He 113, He 177)
Hs = Henschel-Flugzeugwerke (Hs 123, Hs 126, Hs 129)
Ju = Junkers-Flugzeugwerke (Ju 52, Ju 86, 87, 88, W 34)
Kl = Klemm-Flugzeugwerke (Kl 25, Kl 35)
Me = Messerschmitt AG., früher Bf = Bayrische Flugzeugwerke (Me 109, Me 110).

III. Das elektrische Bordnetz

In steigendem Maße wird die elektrische Bordnetzanlage zu einem Hauptbestandteil des modernen Flugzeugs. Waren nach dem Weltkrieg die elektrischen Bordanlagen auf Zündung und Beleuchtung beschränkt, gibt es in modernen Luftwaffen- und Verkehrsflugzeugen kaum mehr eine Baugruppe ohne elektrische Hilfseinrichtung.

Die elektrische Bordanlage besteht immer aus einem oder mehreren Stromerzeugern, einem Sammler und dem Leitungssystem mit den Verbrauchern.

60. Das ganze Bordnetz ist „entstört", d. h. es werden alle Maßnahmen getroffen, um Funkenbildung und Ausbreitung von Störwellen zu unterdrücken bzw. abzuschirmen.

Die verwendeten Geräte müssen bei kleinsten Abmessungen höchsten Beanspruchungen gewachsen sein und dabei ein Höchstmaß an Betriebssicherheit aufweisen.

61. Schäden an Geräten müssen sofort, aber nur durch Fachpersonal und einwandfrei behoben werden. Jegliches Spielen an elektrischen Schaltern ist strengstens verboten. Es ist z. B. vorgekommen, daß durch achtlose Betätigung das Fahrgestell am Boden eingefahren wurde und dabei Personen und Flugzeug beschädigt wurden.

62. Bei allen Malerarbeiten, die im Bereich von elektrischen Anlagen durchzuführen sind, ist das Bordnetz auszuschalten, damit jede Explosions- und Brandgefahr vermieden wird.

IV. Einteilung der Bordgeräte

63. Aus mancherlei Gründen, nicht zuletzt aber durch die Steigerung der Flugleistungen wie Geschwindigkeit, Gipfelhöhe und Zuladung ist es dem Flugzeugführer nicht möglich, alle für die Führung des Flugzeuges notwendigen Feststellungen unmittelbar mit seinen Sinneswerkzeugen zu machen. Die verschiedenen Bordgeräte müssen hier helfend eingreifen, den Flugzeugführer in seiner ebenso vielseitigen wie verantwortungsvollen Aufgabe zu unterstützen. Ein Teil dieser Geräte hat die Aufgabe, das Fliegen ohne Horizont- und Erdsicht zu ermöglichen, denn das Gefühl des Menschen für die Lage seines Flugzeuges ist unzuverlässig und bedarf der Nachprüfung.

64. Die Geräte werden ihren besonderen Aufgaben entsprechend unterteilt in:

A. **Triebwerküberwachungsgeräte**, die den Betriebszustand der Triebwerksanlage anzeigen;

B. **Flugwerküberwachungsgeräte**, die die jeweilige Stellung des verstellbaren Flugwerks anzeigen;

C. **Flugüberwachungsgeräte**, die über Raumlage des Flugzeuges gegenüber der Erde sowie über den jeweiligen Flugzustand Aufschluß geben;

D. **Navigationsgeräte**, die für das Erreichen eines bestimmten Flugzieles erforderlich sind und

E. **Selbsttätige Steueranlagen**, die eine gewünschte Flugrichtung oder Fluglage selbständig einhalten.

Dazu kommen noch einige Geräte, die nicht in allen Flugzeugmustern zu finden sind und verschiedene Aufgaben wie Überwachung des elektrischen Bordnetzes, der Luftversorgung und der Sauerstoffanlage zu erfüllen haben.

65. Damit der Flugzeugführer die Geräte gut übersehen kann, werden sie im allgemeinen alle im **Gerätebrett** zusammengefaßt, das in der Blickrichtung des Flugzeugführers liegt. Die Anordnung der Geräte auf dem Gerätebrett selbst erfolgt derart, daß die Flugüberwachungsgeräte und möglichst auch die Navigationsgeräte bevorzugt im Blickfeld des Flugzeugführers liegen. Um dem Flugzeugführer bei zwei- und viermotorigen Flugzeugen die Sicht aus der verglasten Kanzel nicht zu behindern, dürfen die Gerätebretter nur wenig Raum einnehmen. Alle anderen Geräte werden deshalb auch auf Hilfsgerätebrettern untergebracht, die gegebenenfalls auch von anderen Besatzungsmitgliedern überwacht werden können.

Arbeitskunde für den Flugzeugsattler

I. Allgemeines

66. Die **Sicherheit des Flugbetriebes** hängt von der vorschriftsmäßigen Bedienung und Wartung des Flugzeuges ab.

Zur Wartung gehört die sachgemäße Durchführung und Prüfung aller vorkommenden Instandsetzungsarbeiten.

Leichtsinnig ausgeführte Arbeiten und Ausbesserungen sowie oberflächliche Prüfung gleichen böswilligen Beschädigungen, denn sie leisten Unfällen Vorschub. Verluste an Menschenleben, Kriegsgerät und Volksvermögen können die Folgen unsachgemäßer Arbeitsdurchführung sein.

Die Eigenart der Arbeiten des Flugzeugsattlers läßt eine Nachprüfung nicht immer zu, weil eine solche meistens nur durch Zerstörung des Werkstückes durchgeführt werden kann.

Die Arbeiten des Flugzeug-Sattlers sind also in besonderem Maße **Vertrauenssache.**

67. Die **wichtigsten** am Flugzeug vorkommenden **Sattlerarbeiten** sind:

1. Neubespannen von Tragflächen und Rudern.
2. Herstellen von Schaulöchern und Durchlaßöffnungen.
3. Ausbessern kleinerer und größerer Beschädigungen an stoffbespannten Flugzeugteilen.
4. Herstellen von Rohrbelederungen, Manschetten, Polster- und Einsteigringen.
5. Herstellen von Abdeckplanen für Motor, Kanzel und Fahrwerk.

II. Werkstoffe des Flugzeugsattlers

A. Bespannstoffe

1. Anforderungen

68. **Bespannstoffe** müssen **appreturfrei** und **leicht gemangelt**, Garn und Gewebe (einschl. Webkante) **fehlerfrei** und **gleichmäßig** sein. Der Stoff muß sich ohne Schwierigkeiten mit Grundierlacken tränken lassen; er darf hierbei nicht ausfasern und soll nach mindestens dreimaligem Anstrich, auch ohne Schleifen, eine glatte Oberfläche aufweisen.

Das Gewebe setzt sich aus **Kette** und **Schuß** zusammen. Die Kettfäden bestimmen die Länge des Gewebes. Die Schußfäden laufen rechtwinklig zu den Kettfäden und kreuzen sich mit diesen.

Bei Flugzeugleinen ist die Kette etwas stärker als der Schuß, so daß je Flächeneinheit weniger Kett- als Schußfäden gebraucht werden. Auf 1 cm^2 entfallen etwa 30—32 Fäden auf Kette und etwa 34—36 Fäden auf Schuß.

2. Die verschiedenen Faserstoffe

69. Im Flugzeugbau werden Stoffe aus Leinen, Baumwolle, Kunstseide und Naturseide (bei Fallschirmen) verwendet.

a) Leinenstoffe

70. Unter **Leinen** versteht man ein aus **Leinengarn** hergestelltes Gewebe. Zur Herstellung des Garnes kann sowohl die Flachsfaser als auch die Hanffaser verwendet werden.

Die Fasern dieser Pflanzen sind bis 60 mm lang und haben **große Zugfestigkeit.**

Ein Gewebe aus Flachs- und Baumwollgarn wird als **Halbleinen** bezeichnet.

Die Farbe von Leinen ist in rohem Zustand blaßblond bis grau, in gebleichtem Zustande weiß.

b) Baumwolle

71. Die aus der Samenkapsel der Baumwollpflanze gewonnene Faser hat eine Länge von 20—50 mm, sie ist um $^2/_3$ leichter als die

Flachsfaser. Die **Zugfestigkeit der Baumwollfaser ist wesentlich geringer** als die der Flachsfaser.

c) Echte Seide

72. Unter **echter Seide** versteht man die natürlichen Kokonseiden, die das Erzeugnis gezüchteter (edle Seide) oder wild lebender Seidenraupen (wilde Seide) sind.

Die Rohseidengewinnung erfolgt durch Abhaspeln der Kokons der Seidenraupe, die eine Faser von 3000—4000 m Länge enthalten, wovon 500—600 m ohne weitere Vorbereitung sofort verspinnbar sind.

Farbe: weiß, gelb bis grünlich; **Glanz:** matt.

Zugfestigkeit: 40—49 kg/mm² (größte Festigkeit aller Fasern).

Gute Elastizität.

Fallschirmfangleinen aus geflochtener Naturseide haben eine Zerreißfestigkeit von 150 kg/mm².

d) Kunstseide

73. Kunstseide ist eine auf Zellulosegrundlage aufgebaute künstliche Faser. Neuere Kunstseiden, **wie Perlonseide,** sind für Bespannstoffe und Fallschirme verwendbar.

3. Bespannstoffe

74. Flugzeugbespannstoffe sind nach DIN L 21 aus Baumwolle und Leinen hergestellt. Als Austauschstoffe werden Zellwolle und Kunstseide verwendet.

Für Segelflugzeuge wird nach DIN L 21 die Qualität A und für hochbeanspruchte Flugzeuge die Qualität B verwendet.

75. Es werden somit **2 Sorten Bespannstoffe** unterschieden, deren Eigenschaften und Festigkeiten folgende sind:

Sorten	Mindest-Stoff-breite cm	Faden-dichte, Anz. auf cm	Gew. g/m² max.	Zerreißfestigkeit		Dehnung in %		Spez. Gew. getr. g m²
				kg m	kg 5 cm	Leinenstoff	Baumwollstoff	
A leicht	90	36—42	100	700	35	9	10	300
B mittel	130	28—34	140	1300	65	8	10	300

76. Die **Zerreißfestigkeit** stellt den Mittelwert von je 5 Versuchswerten dar.

Zerreißversuche werden mit einer Zerreißmaschine bei Temperaturen von 18—22° C und einer relativen Luftfeuchtigkeit von 60 bis 65% ausgeführt. Bei diesen Versuchen wird die eine Hälfte der Proben in Richtung Kette und die andere Hälfte in Richtung Schuß geprüft.

4. Prüfvorgang an Bespannstoffen

77. Behelfsmäßige Prüfungen erstrecken sich auf die Aufnahmefähigkeit für Spannlack und auf Webfehler.

Zur Prüfung der Aufnahmefähigkeit wird ein Stück Bespannstoff ohne Vorspannung auf einen Rahmen gespannt. Nach dem ersten Anstrich wird der Stoff meistens noch ziemlich lose und faltig auf dem Rahmen hängen, später muß er aber stramm wie ein Trommelfell werden. Vor dem ersten Anstrich werden Pinsel, Behälter und Inhalt gewogen und dann der Stoff einmal gestrichen. Nach Fertigstellung des Anstrichs werden Pinsel, Behälter und der restliche Inhalt sofort wieder gewogen. Aus dem Unterschied der beiden Gewichte ergibt sich der Verbrauch für den Anstrich. Nach dem vollständigen Trocknen des Anstrichs (etwa 6 Stunden) wird dieses Verfahren wiederholt, bis die Güte der Imprägnierung derjenigen des Vergleichsstoffes entspricht.

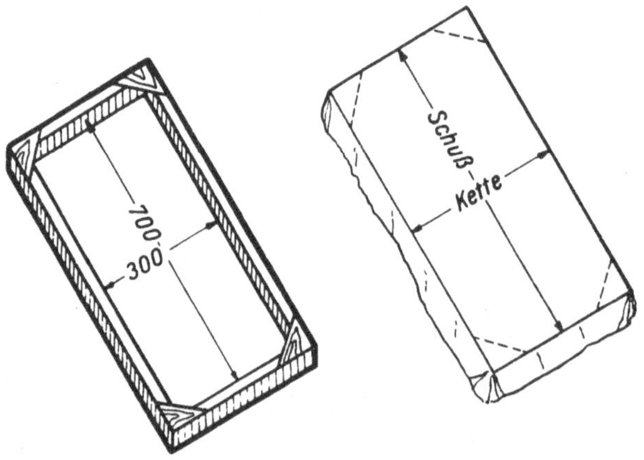

Abb. 28. Proberahmen

78. Flugzeugleinen muß gleichmäßig und fehlerfrei gewebt sein, darf keine Knoten aufweisen und nur wenig Appretur enthalten.

Appretur verhindert das Eindringen der Grundtränkung in das Gewebe und somit auch das Spannen des Leinens.

B. Nähgarne

79. Garne sind gleichmäßige, haltbare Fäden von beliebiger Länge und bestimmter Dicke, die durch Spinnen aus mehr oder weniger kurzen Fasern hergestellt werden. Das fertige Garn wird auf Haspeln von bestimmtem Durchmesser auf eine bestimmte Länge gebracht und häufig noch veredelt: Gebleicht, gefärbt, durch Sengen faserfrei gemacht und zur Erzielung größerer Weichheit gedämpft.

Übersicht über die gebräuchlichsten Nähgarne für den Flugzeugsattler

Bezeichnung	Nr.	Farbe	Rohstoff	Verwendungszweck
Segelgarn	3, 4, 5fach	grau, schwarz, rot	Hanf	Nähen von Gurten, Leder. Garnieren von Polstern. Grobe Arbeiten
Wachs-maschinen-Leinenzwirn	18/3fach	weiß, schwarz, rot, grau grün, gelb	Flachs, Leinen	Für leichte Handnäharbeiten
Wachs-maschinen-Leinenzwirn	18/4fach	weiß, schwarz, rot, grau, grün, gelb	Flachs, Leinen	Universalfaden { Rippen abnähen, Stoff festnähen
Leinen-Zwirn für Maschinen- und Handgebrauch	25 30 45 50	weiß, schwarz, rot, grau grün, gelb	Flachs, Leinen	Zum Nähen von Segelleinen, Leder, Kunstleder und groben Stoffen
Ober- und Untergarn	30 40 50 50	weiß, schwarz, rot, grau, grün, gelb	Leinen, Baumwolle, Seide	Zum Nähen von Flugzeugleinen und leichten Stoffen

C. Abdeckbänder

80. Nach dem Vernähen wird jede Naht mit einem **Abdeckband** überklebt.

Z. 81

Dieses wird aus Leinen oder Zellwolle in verschiedenen Breiten **mit gezackten Rändern** hergestellt, die ein Loslosen verhindern sollen. Die Bander werden **auch diagonal gewebt** verwendet.

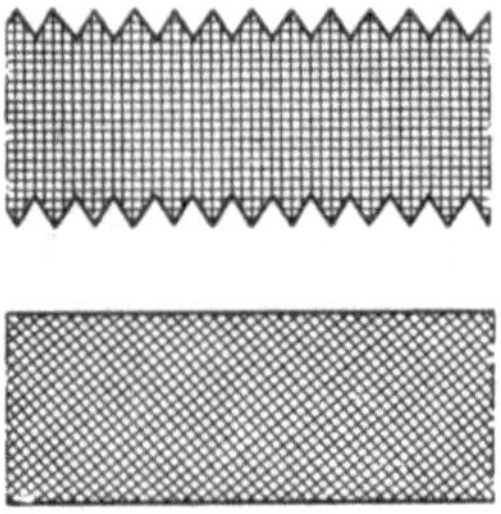

Abb. 29. Abdeckbänder

Das Band wird mit Klebelack aufgeklebt.
Anlieferungszustand: Vorgetrankt oder ungetrankt.

Die Verwendung von Kaltleim ist verboten!

Das Abdeckband soll die Nahte **vor Beschädigung und Verwitterung bewahren.** Außerdem wird durch das Verkleben der Nahte die Oberfläche geglattet und das Profil verbessert. An besonders stark beanspruchten Stellen, z. B. an Flügelnasen, muß das Band beim Aufkleben einwandfrei durchtrankt werden. Die Deckstreifen der Flügelnasen sind den mechanischen Beanspruchungen durch Regen, Hagel usw. stark ausgesetzt. Das Band muß gut aufliegen.

Abdeckbänder dienen nicht zum Abdecken liederlicher Arbeit!

D. Wickelbänder

81. Rippen; Endleisten, Randbogen, Rumpfholme usw. werden mit Wickelband umwickelt, um daran das Flugzeugleinen befestigen zu können.

Material: Leinen, Baumwolle, Zellwolle.

Wickelband wird in verschiedenen Breiten gewebt und ist mit einer Saumkante versehen.

Rohre, Kastenrippen, Leisten usw. werden mit Kordelband umwickelt. Kordelband wird in verschiedenen Breiten geliefert und ist entweder seitlich umgesäumt, oder es ist beiderseits eine Kordel eingewebt.

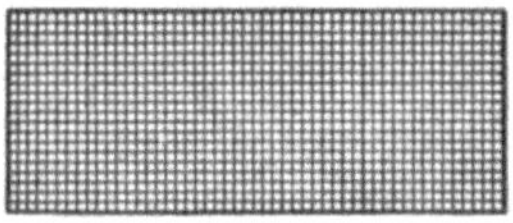

Abb. 30. Leinenwickelband

E. Abdeckstoffe

82. Abdeckstoffe werden zum Abdecken von Kanzeln, Triebwerken, Luftschrauben, Waffenständen und Fahrwerken verwendet.

Rohstoffe sind: Baumwolle — Leinen — Zellwollgewebe — Mischgewebe.

Diese mit Kunststoff behandelten Stoffe werden an Stelle der bisher verwendeten Segel- und Zeltleinen eingesetzt. Infolge der geringen Zerreißfestigkeit ist bei der Verarbeitung zu beachten, daß weitgehend Verstärkungen angenäht werden.

F. Leder

83. Die Bezeichnung **„Leder"** ist einem Werkstoff vorbehalten, der aus der ungespaltenen oder gespaltenen tierischen Haut durch Gerben oder Durchtränken unter Erhaltung der gewachsenen Faser in ihrer natürlichen Verflechtung hergestellt ist.

Die Haut besteht aus 3 Schichten — der Oberhaut, Mittelhaut und Unterhaut —, von denen nur die Mittelhaut zu Leder verarbeitet wird.

84. Die gebräuchlichsten Lederarten der Flugzeugsattlerei sind:

1. **Rindleder**
   a) **Blankleder** (Geschirrleder) für Riemen und Schlaufen. Es kommen mittlere und leichte, narbenreine und schnittfreie Rindshäute in Frage. Die Anforderungen an diese Lederart sind groß.
   b) **Fahlleder** für Rohrbelederungen und sich gegenseitig scheuernde Metallteile. Wenig fetthaltig.

c) **Chromleder.** Für Scheiben und Dichtungen.

d) **Fettgarleder** ist fetthaltig und geschmeidig und besitzt hohe Festigkeit. Es findet Verwendung für Sporn- und Nabenmanschetten und sonstige der Witterung stark ausgesetzte Teile.

e) **Möbelleder** wird als Spalt- und Volleder verarbeitet. Es ist sehr geschmeidig und eignet sich zum Beziehen von Polsterungen; wie Einsteigringe, Stirn- und Nackenschutz. Möbelleder wird viel für Einfaßzwecke verwendet. Die Spaltung der Tierhäute zur Herstellung von Möbelleder ergibt:

aa) **Narbenspalt** (Haarspalt), nach dem Teil der Haut genannt, auf dem früher die Tierhaare saßen, also die Oberhaut, und

bb) **Aasspalt,** der Teil der Haut, der auf dem Fleisch des Tieres saß, die Unterhaut.

2. **Schaf- und Ziegenleder**
Schafleder ist trocken und besitzt gute Bindefestigkeit. Es wird verwendet zum Abdecken von Strebenanschlüssen, Kabelaustritten, Entlüftungslöchern und zur Verstärkung des Bespannstoffes an Stellen, wo Metalldeckhauben mit dem Flugzeugleinen in Berührung kommen, z. B. Motor- und Rumpfhauben.

3. **Kunstleder**
An Stelle von Naturleder wird auch Kunstleder für Überzüge, Polsterungen u. a. verwendet.

G. Naturkautschuk und Buna

85. Die Anlieferung von **Gummi** erfolgt in Tafeln, Schläuchen, gegossenen Formstücken, in runden oder viereckigen Strängen verschiedener Abmessungen. Die Form und Größe der verwendeten Querschnitte bzw. der Platten und Profile muß auf der ganzen Länge gleichbleibend sein (näheres siehe Fliegwerkstoff-Handbuch).

H. Grundtränkungsmittel, Spann- und Klebelacke

(siehe L.Dv. 521/1 und D. (Luft) 6162 „Der Flugzeugmaler")

86. Zulässige Arten von Tränkungsmitteln und Spannlacken sind:

Nitrozellulose-Spannlack
Azetylzellulose-Spannlack } farblos oder gefärbt.

Durch Zusatz von Pigment ergibt sich größere Witterungsbeständigkeit, daher soll mindestens eine Anstrichschicht pigmentiert sein.

Farbige Tränkungsmittel als Grundschichten dürfen nur Farbstoffe von genügender Feinheit und in geringer Menge enthalten, da sie sonst schlecht in das Gewebe eindringen, schlecht haften und einen brüchigen Film ergeben.

Im Flugzeugbau wird allgemein eine Grundtränkung rot (Flieglacknummer 7130) verwendet. Die **rote** Färbung bildet einen Schutz gegen Einwirkung der Sonnenstrahlen.

87. Die **Grundtränkung** hat die Aufgabe, den Stoff zu konservieren. Die nachfolgenden Anstriche mit Spannlack erzeugen die erforderliche Spannung.

Die Grundtränkung wird mit einem großen Pinsel aufgetragen. Der Pinsel muß voll Tränkungsmittel sein, darf aber nicht tropfen. Der erste Anstrich wird zweckmäßig mit einer **verdünnten** Grundtränkung durchgeführt (Verdünnungsmittel von derselben Firma, die die Grundtränkung selbst liefert, Flieglacknummer 7230). Je dichter der Stoff, desto dünnflüssiger ist der Spannlack zu verwenden (gegebenenfalls ist der gelieferte Spannlack zu verdünnen). Es ist darauf zu achten, daß die Grundtränkung nicht durchläuft und daß sie auf der Rückseite keine Tropfen bildet. Sie ist dann richtig verteilt, wenn die **durchschlagende rote Farbe die Rückseite gleichmäßig rot färbt.**

Nach dem ersten Anstrich erfolgt das Abdecken der Nähte mit Abdeckband zum Schutz der Nähte. Danach wird der Anstrich mit reinem Grundtränkungsmittel **(ohne Verdünnung)** noch **zwei- bis dreimal** wiederholt, bis der Bespannstoff wasser- und luftundurchlässig ist. Vor Aufbringen eines weiteren Anstrichs muß der vorhergehende vollkommen trocken und erhärtet sein. Die Trockenzeit ist abhängig von den Lösungsmitteln und der Raumtemperatur. Allzu große Feuchtigkeit ist zu vermeiden, um die Bildung von grauen Stellen zu verhindern. Dauer etwa 6 bis 24 Stunden.

Durch falsche Wahl der Verdünnungsmittel kann beim ersten Anstrich die Grundtränkung einen weißlichen Schimmer annehmen, die Grundtränkung kann zusammenlaufen (gerinnen). Durch unvorsichtiges Auftragen kann die Grundtränkung in Tropfen auf der Rückseite erscheinen und auf die unterliegende Bespannung abtropfen. Diese Tropfen sind nicht wieder zu entfernen, ohne daß die Bespannung aufgeschnitten wird; sie bilden sich auch bei nachfolgenden Lackierungen immer wieder ab, wodurch unnötiger Luftwiderstand hervorgerufen wird. Bei zu geringem Auftrag von Grundimprägnierung wird das Leinen nicht genügend durchtränkt, es spannt nicht genug, und es besteht die Gefahr, daß der Schutzanstrich später abblättert. **Ungleichmäßiges Auftragen führt zu ungleichmäßigem Spannen und damit zur Faltenbildung.**

Merke: **Das Grundieren hat bei normaler Zimmertemperatur und in trockenen Räumen zu erfolgen!**

Bei Spannlacken wird eine Prüfung der Spannfähigkeit an den zur Verwendung gelangenden Stoffen auf Proberahmen vorgenommen. Der Stoff wird lose (ohne Vorspannung) auf dem Rahmen befestigt. Nach drei bis vier Anstrichen, je nach Stoffart und Verdünnung des Spannlacks, muß der Stoff luftdicht und stramm sein.

J. Sonstige Werkstoffe und Zubehörteile

a) Klebemittel

88. In der Flugzeugsattlerei werden je nach Art der zu klebenden Teile verwendet:

Cohesan M für Leinen auf Metall,
Cohesan TR für Leder auf Leder,
Dreilöwen-Chromlederkitt für Leder auf Leder,
Nigusa-Alleskleber,
Bärenkleber für Leder auf Leder (feuchtigkeitsempfindlich),
Klebelack.

Bei diesen Klebemitteln ist jedoch zu beachten, daß dieselben jeweils nur für den vorgesehenen Zweck Verwendung finden dürfen.

b) Zellon

89. Für Flugzeuge wird **Zellon** aus Azetylzellulose hergestellt. Zellon ist durchsichtig, schwer brennbar und splitterfrei, wird aber bei längerem Gebrauch gelblich und ist empfindlich gegen Öl, so daß z. B. Windschutzscheiben, die Ölspritzern ausgesetzt sind, mit der Zeit blind werden und ausgewechselt werden müssen.

c) Reißverschlüsse und Schnürhaken

90. Diese werden dort angebracht, wo man ohne Beschädigung der Bespannung in das Innere des Rumpfes gelangen möchte.

Je nach der Häufigkeit des Öffnens der vorgesehenen Klappen verwendet man den bekannten Reißverschluß oder den Schnürhakenverschluß.

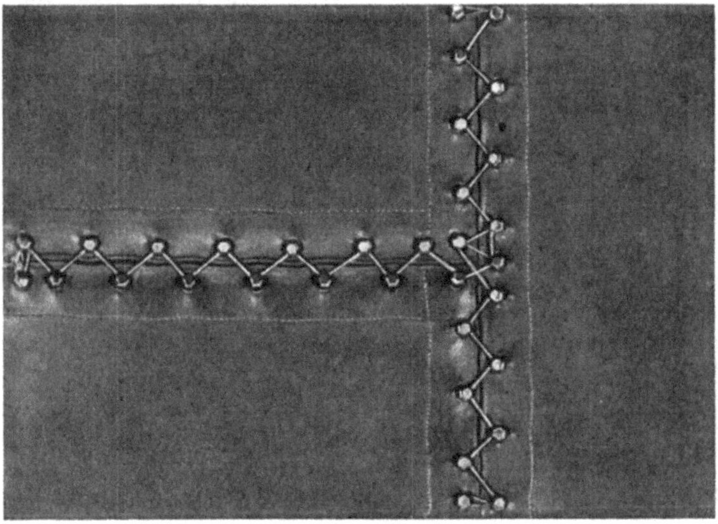

Abb. 31. Schnürhakenverschluß

Schnürhaken werden gegenüberliegend oder versetzt angebracht. Letztere Art ist vorteilhafter, es können zwischen den Haken keine Zerrungen entstehen. Zum Schnüren wird Draht oder Kordel verwendet.

d) Wasserösen

91. Diese werden an den Flächenunterseiten oder am Rumpf in der Bespannung angebracht, um Kondenswasser usw. ablaufen zu

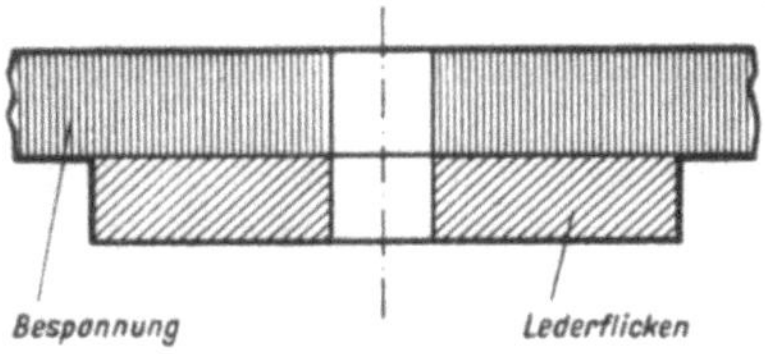

Abb. 32. Wasseröse

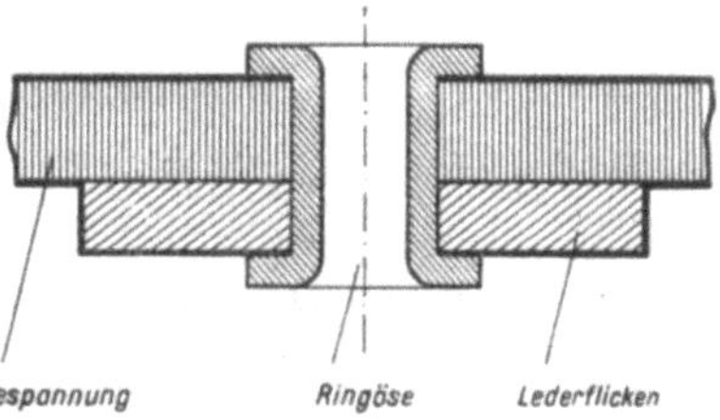

Abb. 33. Wasseröse mit Ringöse

lassen. Gleichzeitig dienen sie auch zur Entlüftung und zum Druckausgleich des Inneren der Tragfläche (bei Höhenflügen!). Das Entlüftungs- oder Wasserloch in der Bespannung wird auf der Außenseite entweder mit Zellonscheiben, mit einem runden Schaflederflicken oder einem runden Stoffflicken mit Ringöse beklebt.

K. Vorschriftsmäßige Lagerung der Werkstoffe

1. Bespannstoffe

92. Flugzeugbespannstoff muß in trockenen Räumen auf Regalen gelagert werden, nicht auf dem Fußboden, da das Gewebe schnell Feuchtigkeit aufnimmt und dadurch zerstört wird. Das Stockigwerden erkennt man an weißen Flecken! Temperatur und Feuchtigkeitsgehalt müssen überwacht werden! Größere Vorräte werden in Ballen gelegt. Für gute Lüftung ist zu sorgen.

2. Abdeckstoffe

93. Die Lagerung erfolgt in Rollen, trocken auf Regalen.

3. Leder

94. Leder muß kühl gelagert werden. Es darf auf keinen Fall scharf geknickt werden, da sonst die Narbe bricht. Leder muß glatt aufgehängt werden. **Knicken und Falten ist unbedingt zu vermeiden.** Wenn mehrere Häute übereinander gelagert werden, wird zweckmäßig ein Bogen Öl- oder Seidenpapier (aber kein bedrucktes Papier) dazwischengelegt. Auch hier müssen die Lagerräume trocken sein, und die Luft muß hinsichtlich Temperatur und Feuchtigkeitsgehalt geprüft werden können.

4. Naturkautschuk und Buna

95. Bei längerem Lagern und starker Einwirkung des Sonnenlichtes wird Gummi zerstört. Die Aufbewahrung von Gummi erfolgt am zweckmäßigsten in kühlen Räumen, außerdem bestreut man Gummi mit **Talkum,** um das Sprödewerden zu verhindern oder wenigstens zu verzögern. Das Verreiben von Glyzerin auf der Gummioberfläche ist ebenfalls geeignet, die Eigenschaften des Gummis einigermaßen zu erhalten.

5. Zellon

96. Zellon kann in Rollen, besser aber in Platten gelagert werden. Es ist darauf zu achten, daß zwischen die einzelnen Platten Seidenpapier gelegt wird. Keinesfalls darf Zellon zum Schutz gegen äußere Einwirkungen mit Ölen, Fetten, Vaselinen usw. eingestrichen werden, da es sonst blind wird.

III. Werkzeuge und Geräte

97. Die vom Flugzeugsattler für Reparatur- bzw. Instandsetzungsarbeiten erforderlichen Werkzeuge sind leicht transportabel im Sattlerwerkzeugkasten Fl. 68710 untergebracht.

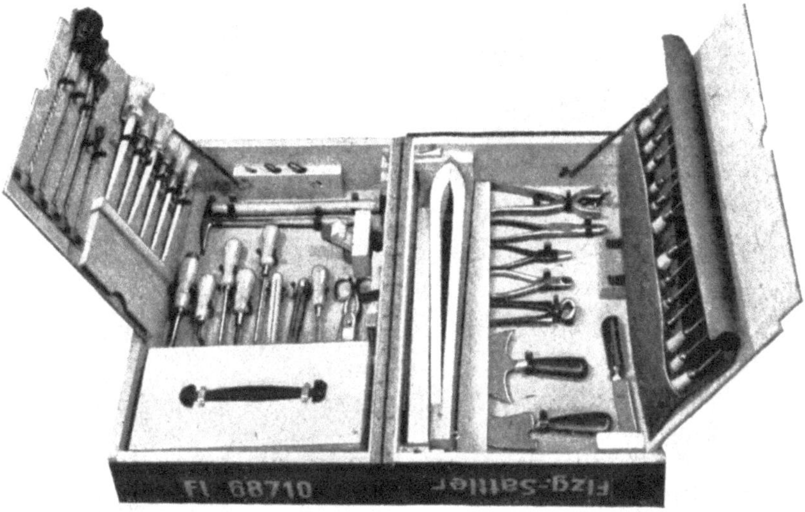

Abb. 34. Sattlerwerkzeugkasten Fl. 68710

Inhaltsverzeichnis

1 Werkzeugkasten
1 Inhaltsverzeichnis
1 Einsatzwerkzeugkasten, Holz
1 Abziehölstein in Kästchen, Art Arkansas, 100 mm

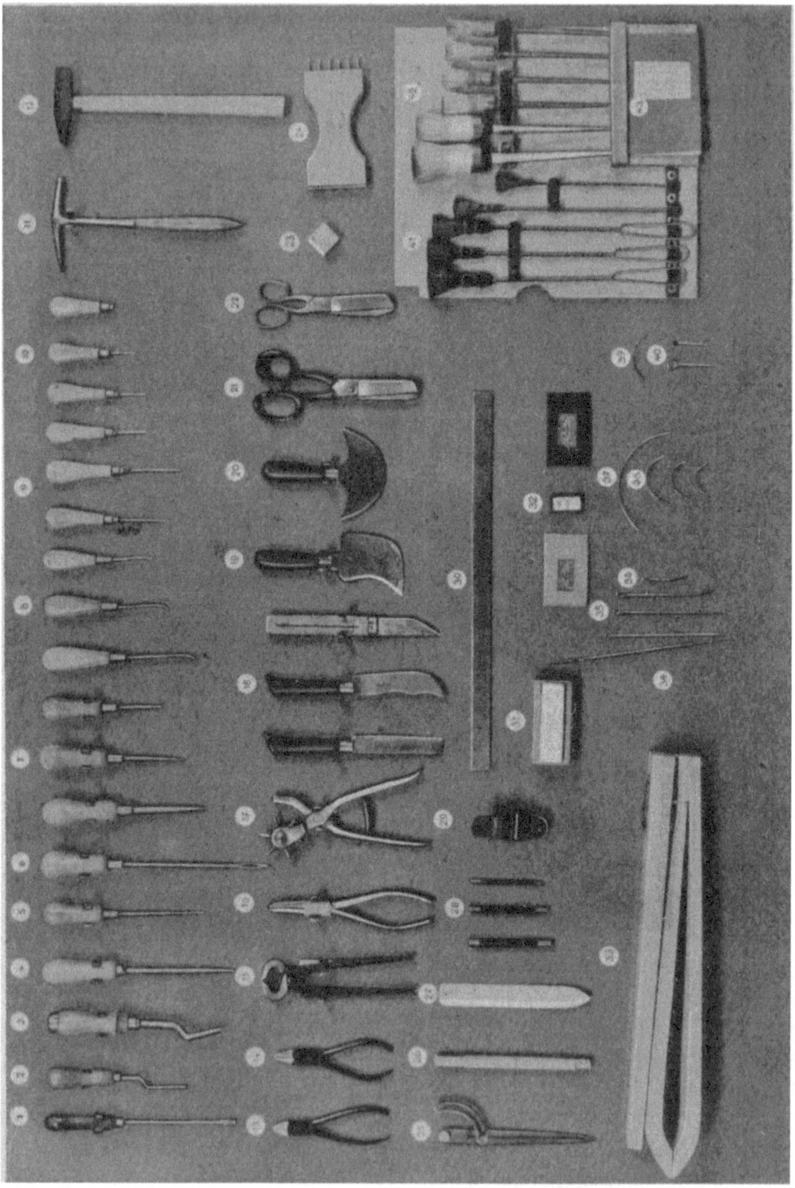

Abb. 35. Werkzeuge des Flugzeugsattlers

Ahlen

1 Nähahle, vierkant, 40 mm
1 Nähahle, vierkant, 50 mm
1 Nähahle, vierkant, 55 mm
1 Nähahle, vierkant, 60 mm
1 Nähahle, vierkant, 70 mm
1 Nähahle, vierkant, 80 mm
2 Nähahlengriffe, 80 mm
2 Nähahlengriffe, 90 mm
2 Nähahlengriffe, 100 mm
1 Ahleisen, rund, 60 mm
1 Ahleisen, rund, 75 mm
1 Ahleisen, rund, 90 mm
1 Ahleisengriff, 90 mm
2 Ahleisengriffe, 100 mm
1 Einbindahle mit Griff, 300 mm
1 Riemerahle mit Griff, 6 mm
1 Riemerahle mit Griff, 9 mm
1 Spezialahle, gebogen, mit Heft, 50 mm
1 Spezialahle, gebogen, mit Heft, 70 mm
1 Spezialahle, gebogen, mit Heft, 90 mm
1 Pechdrahtahle mit Griff, 85 mm
1 Vorziehahle mit Griff
1 Holzbrett 355 × 190 × 25 mm
1 Gliedermaßstab, Aluminium, 1 m
1 Sattlerhammer, klein
1 Schlosserhammer, 300 g
1 Lederhobel, 33 mm Eisenbreite
1 Lederzirkel, 200 mm
1 Locheisen, rund, 2 mm ∅
1 Locheisen, rund, 6 mm ∅
1 Locheisen, rund, 8 mm ∅
1 Lineal, stählern, 500 mm

Messer

1 Sattlermesser in Lederscheide, runde Schneide, 120 mm
1 Sattlermesser in Lederscheide, gerade Schneide, 120 mm
1 Zuschneidemesser, 170 mm
1 Viertelmondmesser in Lederscheide
1 Halbmondmesser in Lederscheide, 135 mm

Nadeln

1 Packnadel
1 Brief Riemernadeln, sortiert (25 Stück)
1 Brief Sacknadeln, gerade (25 Stück)
1 Brief Sacknadeln, gebogen (25 Stück)
1 Brief Nähnadeln, gebogen (25 Stück)
2 Sattlernadeln, gebogen, 65 mm
1 Sattlernadel, gebogen, 100 mm
1 Sattlernadel, gerade, 100 mm
1 Sattlernadel, gerade, 150 mm

Sonstiges

1 Nähkloben, zusammenlegbar
1 Pfriemen mit Griff
3 Anstreichpinsel, 20 mm ∅
2 Anstreichpinsel, 25 mm ∅
1 Anstreichpinsel, 35 mm ∅
1 Sattlerschere, ungezahnt, 205 mm
1 Flachzange, 160 mm
1 Lederbiegezange, 200 mm
1 Seitenschneider, 160 mm
1 Kneifzange, 160 mm
1 Revolverlochzange mit 6 Stahlpfeifen
1 Gurtspanner mit 6 Stiften
1 Kantenzieher
1 Losschlageisen
1 Benzinwaschpinsel, 9 mm ∅
1 Benzinwaschpinsel, 11 mm ∅
1 Benzinwaschpinsel, 14 mm ∅
1 Benzinwaschpinsel, 18 mm ∅
1 Benzinwaschpinsel, 21 mm ∅

Stoffbespannte Teile werden durch darauf liegende Werkzeuge leicht verletzt.

Verbleiben Werkzeuge im Flugzeug, so können sich diese mit den beweglichen Teilen verklemmen und gefährden somit das Flugzeug und die Besatzung.

Merke: **Werkzeuge dürfen weder auf stoffbespannte Teile noch in das Flugzeuginnere gelegt werden.**

IV. Arbeitsverfahren

A. Werkstoffverarbeitung

1. Das Verarbeiten von Wickelbändern

98. Um das Flugzeugleinen an den Rippen, Endleisten und dem Formgebungsgerüst zu befestigen, werden diese Bauteile mit Wickelbändern bewickelt (Heinkel) oder mit Kordelband benäht (Arado).

a) Bewickeln bei Fachwerkrippen und Rippenrahmen

Auf die Gurte der Normalrippen wird doppeltes Wickelband gelegt und mit Messingnägeln an einigen Stellen beiderseits festgeheftet.

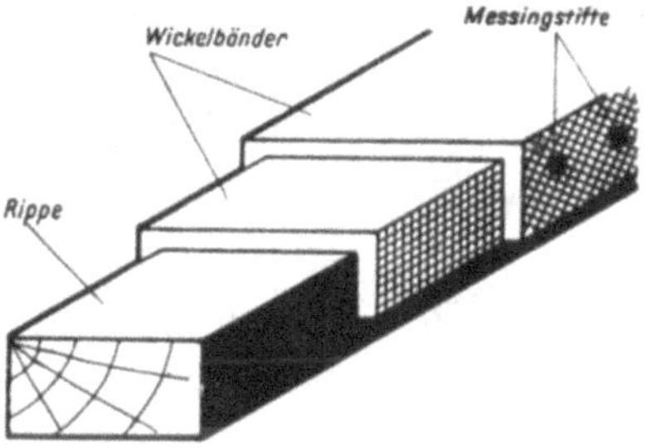

Abb. 56. Bewickeln bei Fachwerkrippen und Rippenrahmen

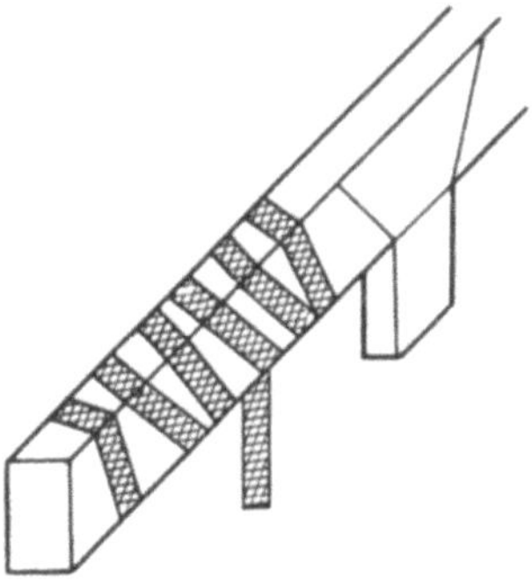

Abb. 57. Falsch
Ungleichmäßig gewickelt,
Bandkanten nicht überdeckt

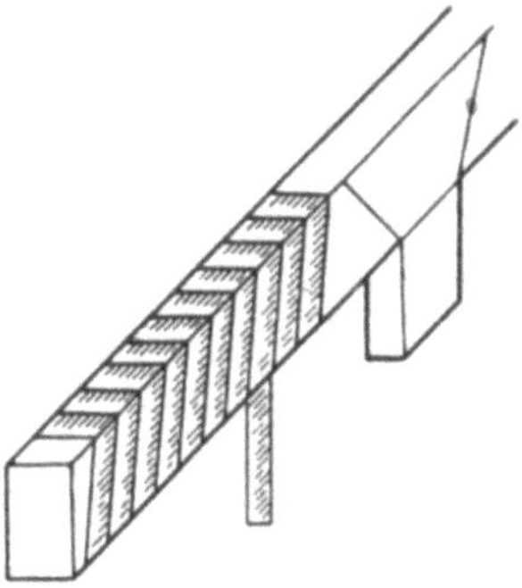

Abb. 58. Richtig
Band gleichmäßig gewickelt

Beim Wickeln ist darauf zu achten, daß keine Erhöhungen und keine freien Stellen entstehen. Es ist deswegen zweckmäßig, die Wicklung zur Hälfte auf das vorhergehende Band zu legen **(halb auf halb wickeln).**

Bei zu **schräger** Wicklung kann das Band nicht einwandfrei angezogen werden, und dementsprechend sitzt später der vernähte Stoff nicht fest. Umgekehrt ist auch zu **steiles** Wickeln zu vermeiden, weil dadurch zuviel Band aufgetragen und das zulässige Gewicht überschritten wird. Außerdem verändert das dicke, knotige Auftragen das Profil ungünstig.

Die Bandkanten müssen sich beim richtigen Wickeln mit 45° Neigung gleichmäßig überdecken. Anfang und Ende des Bandes sind gut zu befestigen. Das Band darf **niemals geknotet** werden, sondern muß stets seitlich oder unterhalb der Rippe zusammengenäht werden.

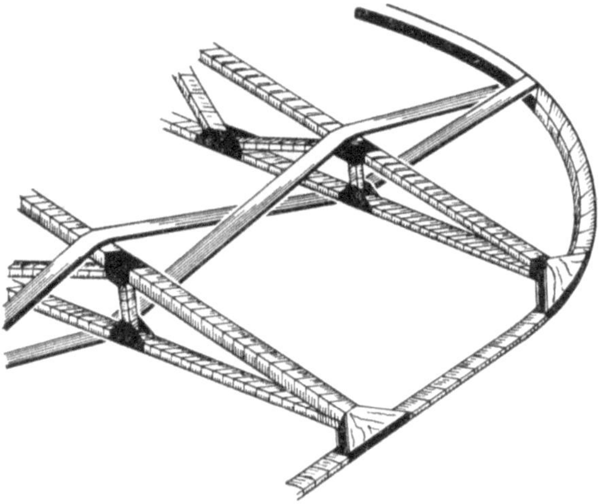

Abb. 39. Wickeln mit 45° Neigung

Nach dem Umwickeln werden die Rippen nochmals gegeneinander durch Leinbänder verspannt. Jedes Band wird hierbei um die Gurtstäbe der Rippen geschlungen und angenäht, damit es sich nicht verschieben kann. Trifft man bei dieser Bespannung auf eine Kastenrippe, so wird das Band durch die in derselben vorgesehene Öffnung durchgeführt.

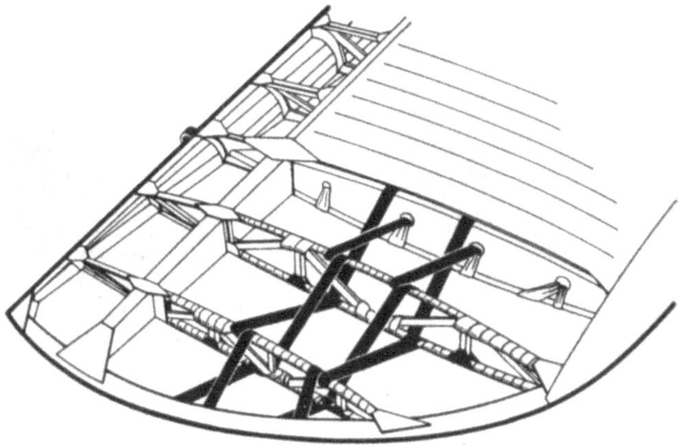

Abb. 40. Verspannen der Rippen durch Leinenbänder

b) Benähen der Vollwandrippen

aa) Rippen mit dazwischenliegendem Sperrholzsteg

99. Der Steg oberhalb der Rippe ist mit 2 mm-Bohrer im Abstand von rund 30 mm zu durchbohren. Der Abstand heißt „Teilung". Die Bohrungen bilden den Durchlaß für das Garn. Der Grat ist mit Versenker zu entfernen.

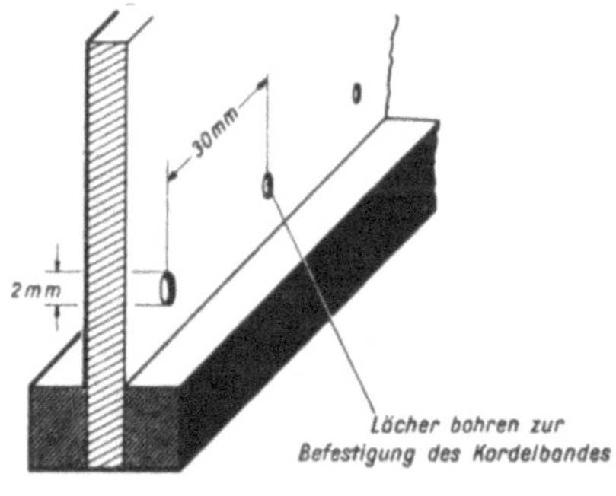

Abb. 41. „Teilung" der Rippen mit Sperrholzsteg

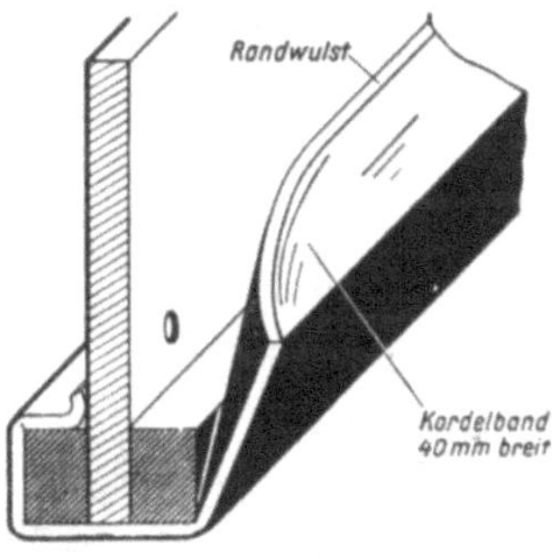

Abb. 42. Umlegen des Kordelbandes um den Rippengurt

Das Kordelband ist um die Rippe zu legen.

Es ist so breit zu wählen, daß die eingewebte Kordel oberhalb der Stichverknotungen zu liegen kommt.

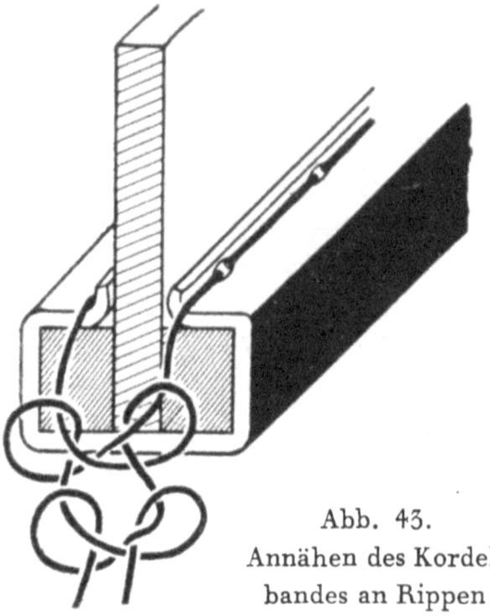

Abb. 43. Annähen des Kordelbandes an Rippen

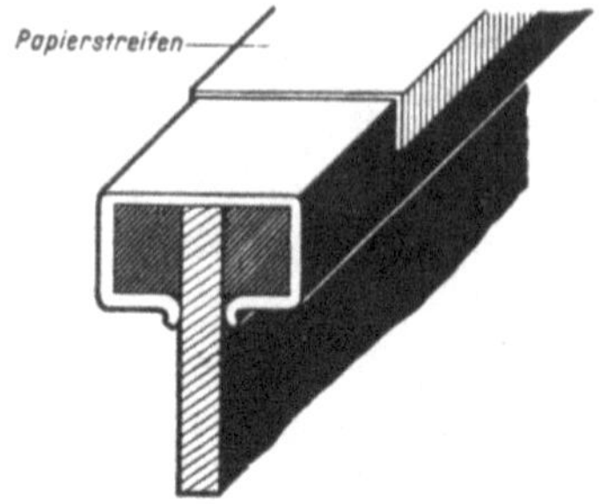

Abb. 44. Aufkleben von gummierten Papierstreifen

Das Annähen hat gleichzeitig mit zwei Garnsträngen zu erfolgen, die einzeln und abwechselnd durch je ein Rippenloch zu führen und nach jedem Durchstich zu verknoten sind.

Auf das Kordelband sind gummierte Pergamentpapierstreifen zu kleben. Für 40 mm breites Kordelband sind 20 mm breite Streifen zu verwenden.

bb) Kastenrippe

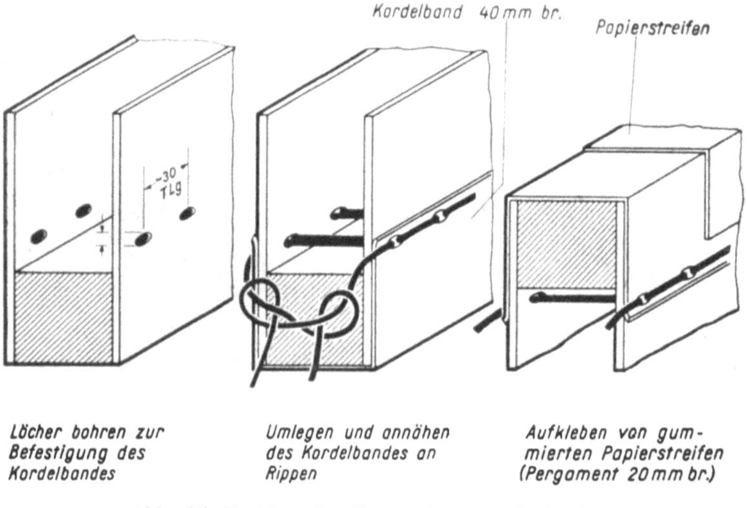

Abb. 45. Benähen der Kastenrippen nach Arado

Nach Arado

100. Die Sperrholzplanken sind mit 2-mm-Bohrer im Abstand von rund 30 mm Teilung zu durchbohren. Die Löcher dienen als Durchlaß für das Garn.

Das Kordelband ist 40 mm breit. Es ist um den Rippengurt zu legen und gleichzeitig mit zwei Garnsträngen zu umnähen. Die Stränge werden abwechselnd durch die Rippenlöcher geführt und nach jedem Durchstich verknotet.

Über das 40 mm breite Kordelband ist ein gummierter Papierstreifen von 20 mm Breite zu kleben.

Nach Heinkel

101. An die Kastenrippen wird längs des Rippengurtes ein doppelter Stoffstreifen festgenagelt.

Hierbei schlägt man zunächst die Messingnägel nur so tief, daß die Nägelköpfe noch ewa 2 mm herausstehen. Die Nagelköpfe werden untereinander mit Handnähgarn verbunden (Abb. 46) und danach fest angezogen.

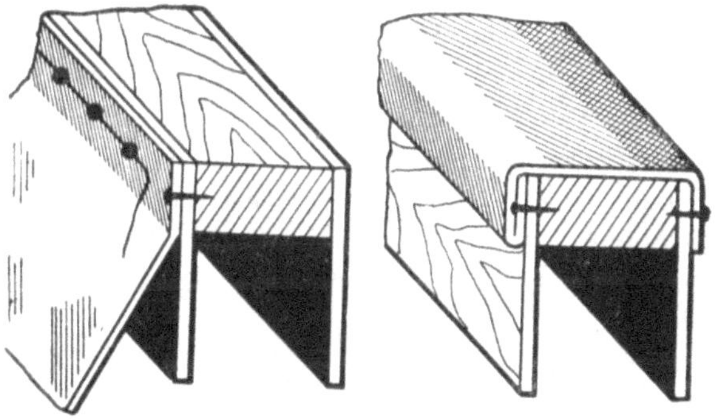

Abb. 46. Benähen der Kastenrippen nach Heinkel

Nun kantet man den Stoffstreifen herum und nagelt denselben auf der anderen Seite der Rippe ebenfalls fest.

Sodann werden nach Möglichkeit die Kastenrippen umwickelt.

cc) Benähen von Leisten

102. Die Leisten werden im Abstand von 30mm mit 2,5-mm-Bohrer durchbohrt und die Löcher beiderseitig auf 6 mm versenkt.

Der Anschliffwinkel des Versenkers ist 45°. Die Lochmitten sind so weit von der Kante entfernt zu halten, daß der Garnknoten vor der Kordel des straffgezogenen Kordelbandes liegt.

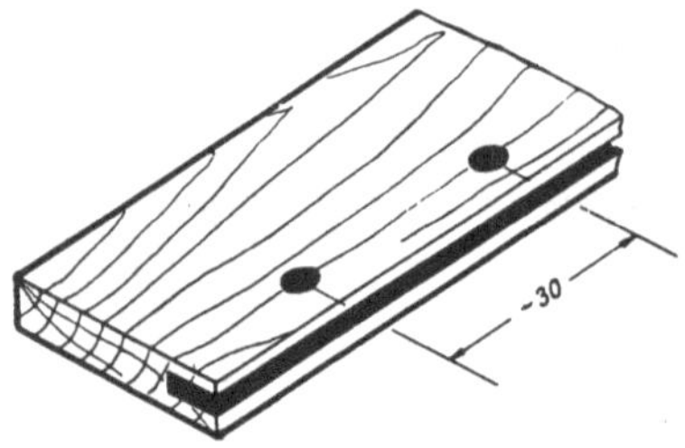

Abb. 47 a. Benähen von Leisten

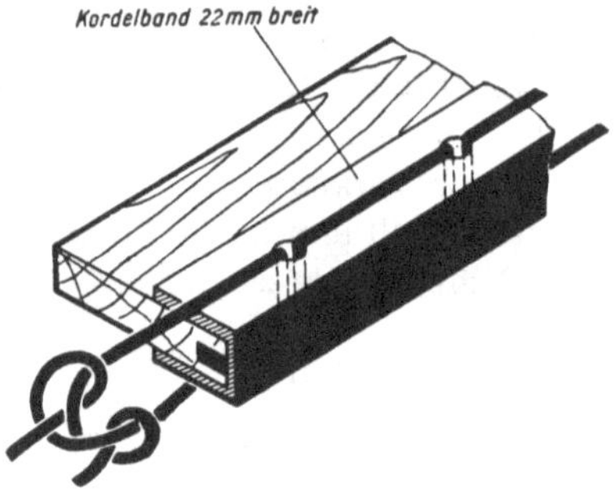

Abb. 47 b. Benähen von Leisten

Kordelband (22 mm breit) ist um die Leistenkante zu legen und gleichzeitig mit zwei Garnsträngen anzunähen.

Die Garnstränge sind abwechselnd durch Kordelband und Leistenloch zu führen und nach jedem Durchstich zu verknoten. Der Knoten ist straff anzuziehen, ohne den geraden Verlauf der Kordel zu beeinträchtigen.

Über das 22 mm breite Kordelband ist ein 20 mm breiter gummierter Papierstreifen zu kleben. Dieser verdeckt die Nähte und endet vor den eingewickelten Kordelschnüren. Er hat den Zweck, das Festkleben des Kordelbandes durch Auflösen der Grundierung beim nachfolgenden Anstrich zu vermeiden.

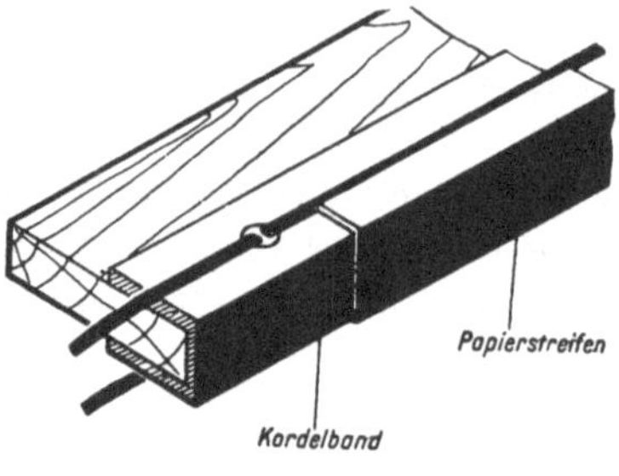

Abb. 47 c. Benähen von Leisten

Befestigen des Kordelbandes an Metallrippen

103. Das Kordelband ist um das Rippengurtrohr zu legen. Für Rippengurtrohr ist 22 mm breites Kordelband zu verwenden.

Um Rippengurtrohr von 6 mm Durchmesser gelegtes Kordelband ist gleichzeitig mit zwei Garnsträngen festzunähen. Die Kordeln sind so zu legen, daß sie dem später aufzubringenden Flugzeugleinen abgewendet sind.

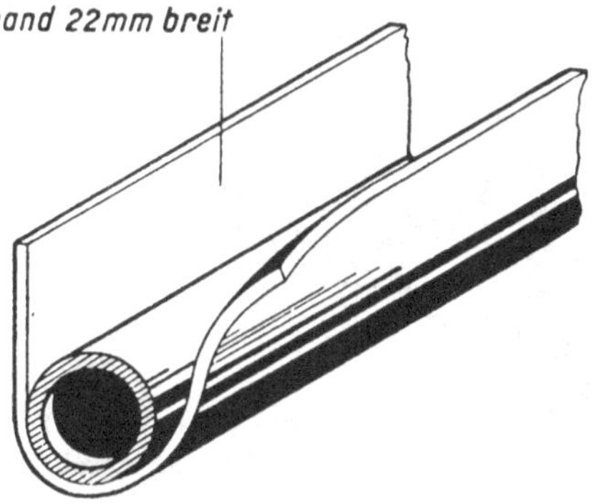

Abb. 48. Umlegen des Kordelbandes um das Rippengurtrohr

Die Stiche sind in rund 15 mm Teilung abwechselnd (das eine Mal links liegendes Garn nach rechts, das andere Mal umgekehrt) zu führen. Jeder Durchstich ist zu verknoten.

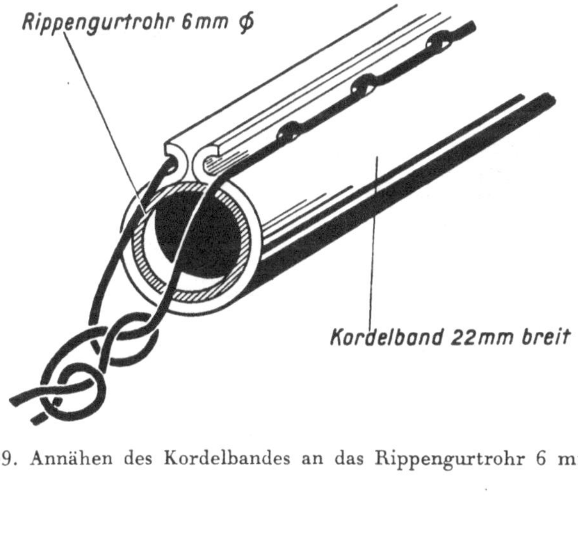

Abb. 49. Annähen des Kordelbandes an das Rippengurtrohr 6 mm ∅

Das um das Rippengurtrohr von 8 mm Durchmesser gelegte Kordelband ist in gleicher Weise festzunähen, aber die Garnstränge sind nach Abbildung während des Nähens zu verschlingen bzw. zu verknoten.

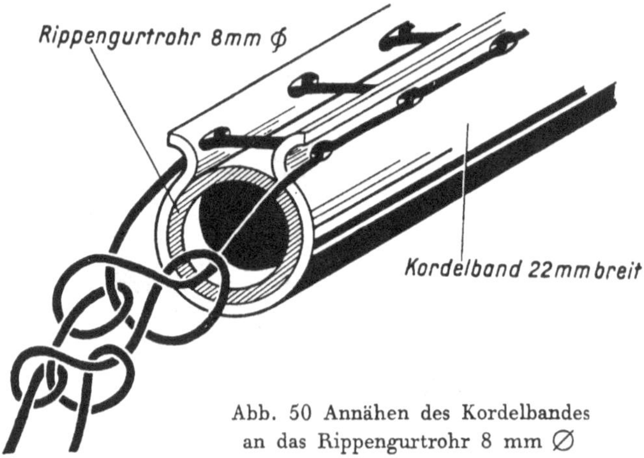

Abb. 50 Annähen des Kordelbandes an das Rippengurtrohr 8 mm ∅

Das Rohr ist mit 20 mm breitem, gummierten Papierstreifen zu umkleben, der die Garnstränge überdeckt.

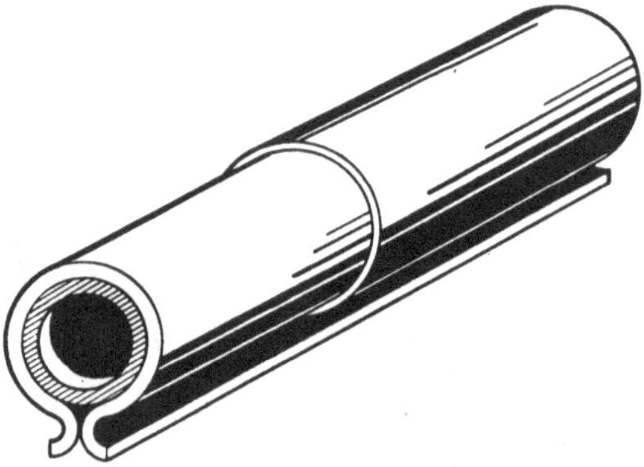

Abb. 51. Aufkleben von gummierten Papierstreifen 20 mm breit

2. Vernähen von Stoffbahnen

a) Nahtarten

104. In der Flugzeugsattlerei sind zum Zusammennähen der Werkstoffe verschiedene Nahtarten üblich.

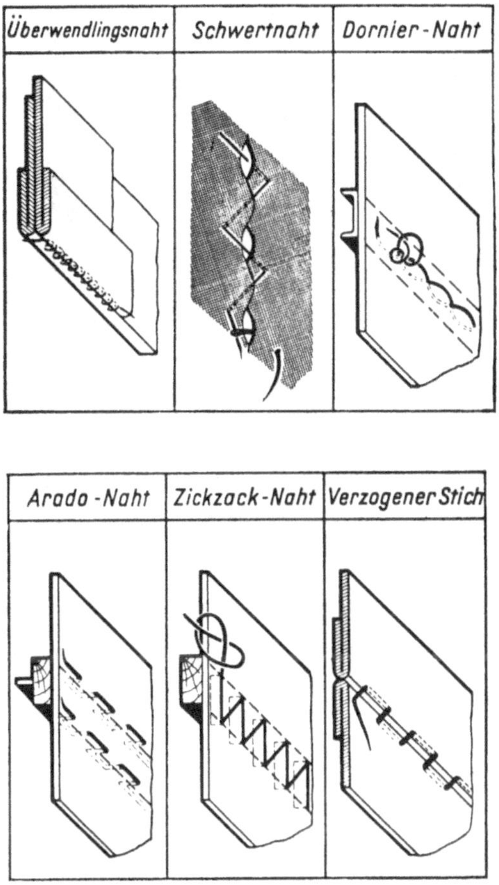

Abb. 52 Übersicht über die am häufigsten verwendeten Handnähte

Zum Zusammennähen einzelner Stoffbahnen mit der Maschine wird die Kappnaht angewendet.

b) Kappnaht mit Webkante

105. Die beiden Bespannstoffstücke werden nach Abb. 53 zusammengenäht.

Eine Kante wird lang, die andere Kante kurz untereinander vernäht. Danach wird die lange Seite über die kurze Seite geklappt und wie gezeichnet festgenäht.

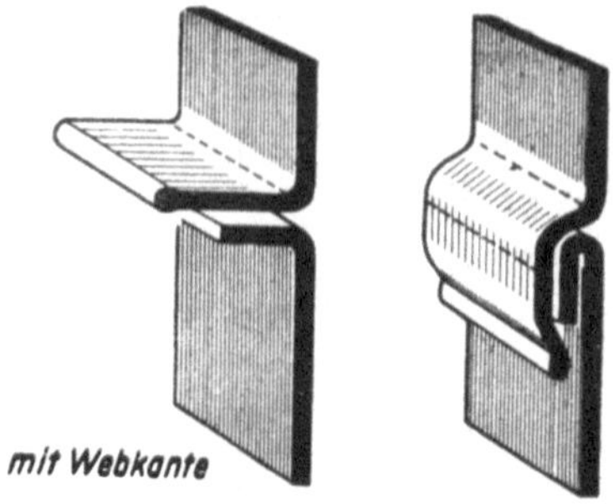

Abb. 53. Kappnaht mit Webkante

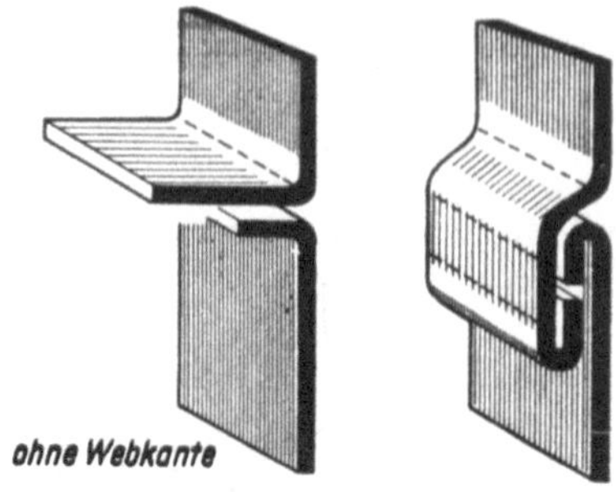

Abb. 54. Kappnaht ohne Webkante

c) Kappnaht ohne Webkante

Die beiden Bespannstoffstücke werden nach Abb. 54 zusammengenäht.

Eine Kante wird lang, die andere Kante kurz untereinander vernäht. Danach wird die lange Seite über die kurze Seite und die äußere Kante nach innen umgelegt und festgenäht.

3. Herstellung von Durchbrüchen an der Flugzeugbespannung

a) Herstellung von Schau- und Kontrollöffnungen

106. Um den Innenaufbau von Flugzeugen (Verspannungen, Steuerungsteile u. a. m.) im Flugzeug einer Prüfung zugänglich zu machen, werden erforderlichenfalls Schau- und Kontrollöffnungen angebracht.

Hierbei können Öffnungen, die nur selten gebraucht werden, folgendermaßen hergestellt werden:

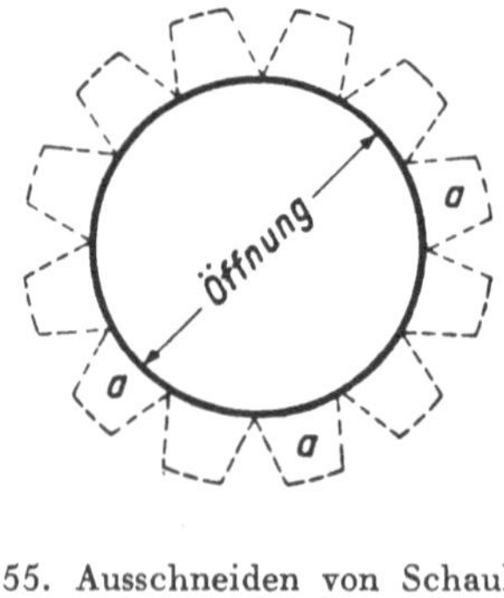

Abb. 55. Ausschneiden von Schaulöchern

Die herzustellende Öffnung wird zunächst aufgezeichnet (keinen Tintenstift verwenden!). Die Öffnung wird alsdann etwas kleiner ausgeschnitten und der verbleibende Rand mit einer größeren Anzahl von Einschnitten versehen.

Die eingeschnittenen Lappen (a) werden nun nach innen geklappt und mittels Grundtränkung festgeklebt.

Alsdann erfolgt das Abdecken durch ein gezacktes Stück Bespannstoff entsprechender Größe.

Soll das Flugzeuginnere dauernd sichtbar sein, so wird die Öffnung mit Zellon von 0,5 mm Stärke abgedeckt. Bei kleinen Zellonfenstern, wie sie zur Kontrolle des Prüfstempels üblich sind, wird das Zellon mittels eines entsprechend ausgeschnittenen Bespannstoffstückes auf der Innenseite angeklebt.

Bei größeren Schaulöchern empfiehlt sich die Anbringung eines Verstärkungsringes aus Sperrholz.

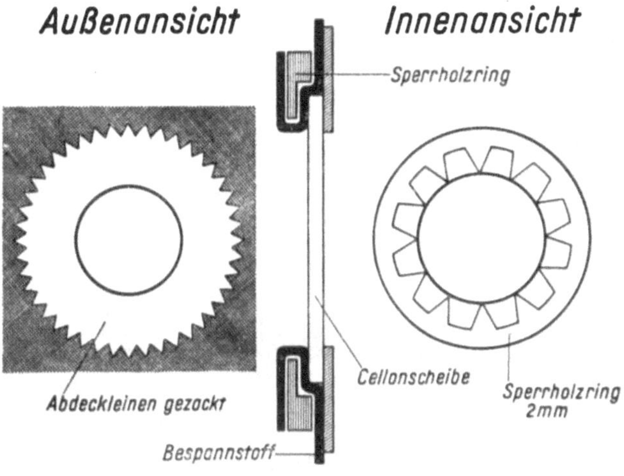

Abb. 56. Herstellen größerer Schaulöcher

Größere Öffnungen, vor allem zur Kontrolle der Steuerseile und gelegentlichen Durchführung von Instandsetzungsarbeiten, werden entweder mit Reißverschlüssen oder Hakenverschlüssen versehen.

Diese Öffnungen werden, nachdem der Bespannstoff angeheftet ist, aufgezeichnet. Der Stoff wird abgenommen und die Klappe angefertigt.

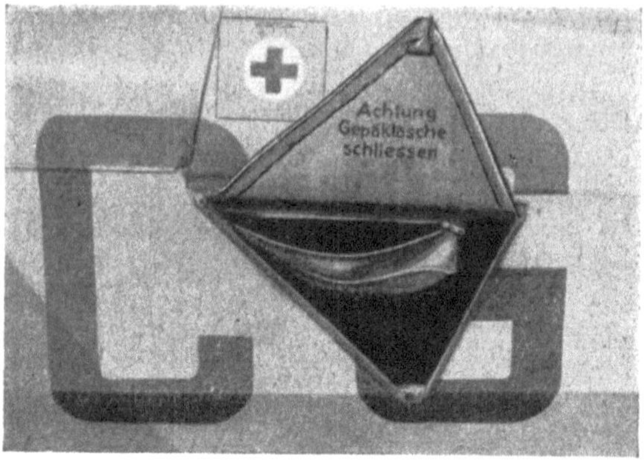

Abb. 57. Größere Öffnung mit Reißverschluß

An Stellen, wo der Schnitt aufhört, sind Verstärkungen anzubringen. Ebenso muß der Stoff, um ein Ausreißen zu verhindern, an den Stellen, wo Ösen oder Haken zum Schnüren angebracht werden, mit Stoffen oder Kunstleder verstärkt werden.

Ösen und Haken werden am besten versetzt angebracht, da hierbei am wenigsten Zerrungen entstehen.

Zum Schnüren wird Draht oder Kordel verwendet.

Abb. 58 Verschnürung am Rumpf

b) Durchlaßöffnungen für Steuerseile, Streben und dergl.

107. Durchlaßöffnungen werden mit Ziegen- oder Schafleder eingefaßt.

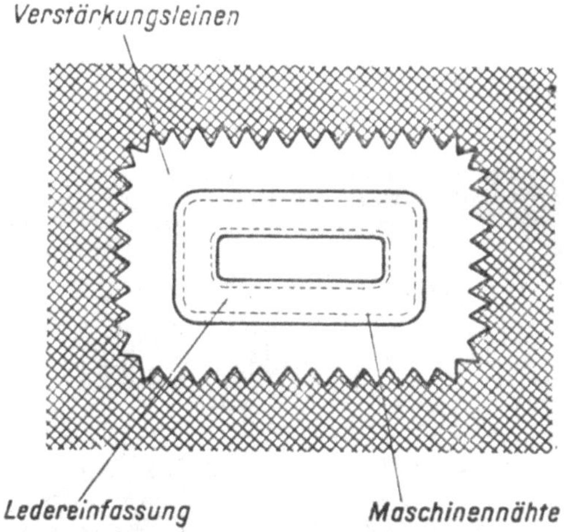

Abb. 59. Durchlaßöffnungen für Steuerseile, Streben u. dgl.

Die Ledereinfassung wird auf einem Stück Verstärkungsleinen an den Rändern vernäht. Danach wird das Leinenstück am äußeren Umfang mittels der Zackenschere gezackt und auf die Bespannung geklebt. Erst jetzt erfolgt das Ausschneiden der Durchlaßöffnungen.

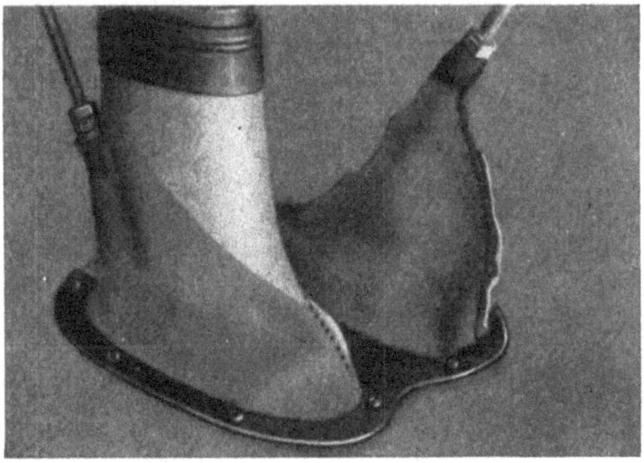

Abb. 60. Einfassung eines Stieles einschl. Verspannung

Um bei Streben und Ruderstoßstangen ein Eindringen von Wasser zu verhindern, wird die Öffnung entsprechend mit Leder verkleidet. Die Form hat sich derjenigen des Bauteiles anzupassen.

Ist ein einfacher Zuschnitt nicht möglich, so wird eine Holzform (Schablone) angefertigt, das vorher eingeweichte Leder in derselben eingespannt und getrocknet. Alsdann erfolgt das Vernähen und Aufkleben wie bei einfachen Öffnungen.

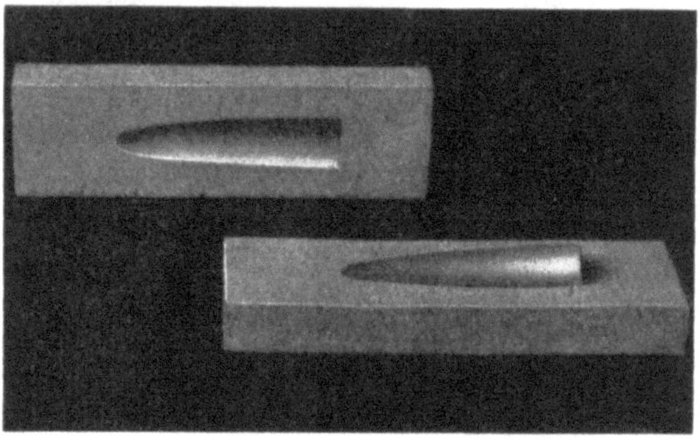

Abb. 61. Schablone

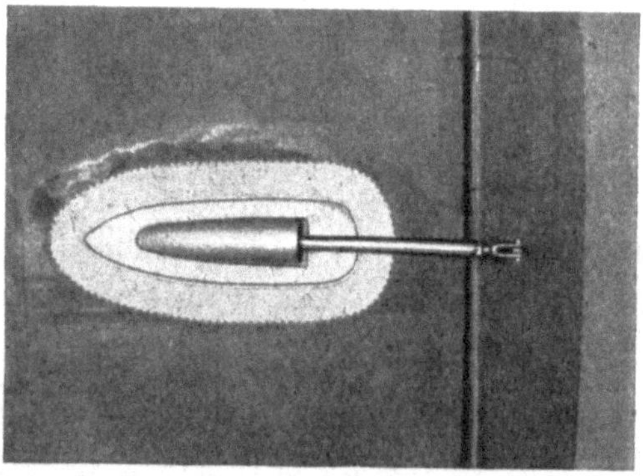

Abb. 62. Lederverkleidung von Ruderstoßstangen

4. Lederverarbeitung

108. Leder ist im Anlieferungszustand zu verarbeiten.

a) Rohrbelederung

109. Zum Schutze gegen **Korrosion** und um ein Scheuern der einzelnen Teile zu verhindern, werden Metallteile und Rohrleitungen **beledert.**

Abb. 63. Rohrbelederung

Das Leder wird in feuchtem Zustand um die Rohre gelegt, um einen möglichst festen Sitz zu erhalten. Es darf aber nicht zu naß sein, damit das Trocknen des Leders nicht zu lange dauert.

Die Belederung kann auf folgende Art erfolgen:

110. aa) Durch Zusammennähen des Leders mit der Schwertnaht. Das Leder wird der Rohrstärke entsprechend zugeschnitten und mit

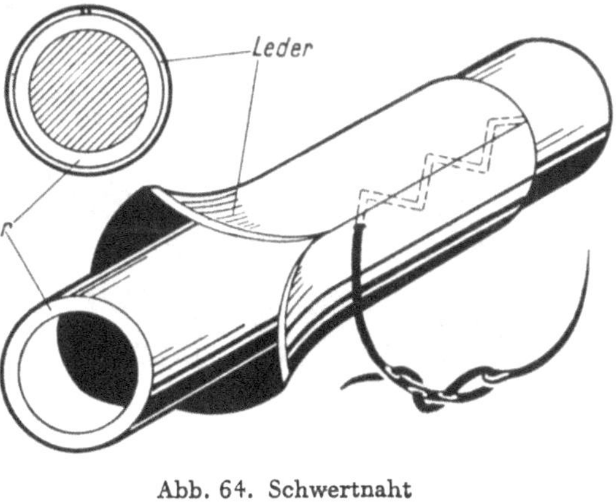

Abb. 64. Schwertnaht

einer Nadel zusammengezogen. Die Schwertnaht wird meistens nur bei schwachem Leder und schwachen Rohren angewendet.

111. bb) Zusammennähen durch halbes Leder. Das Leder wird auch hier genau der Rohrstärke entsprechend geschnitten und mit zwei Nadeln durch eine gewöhnliche Sattlernaht, indem die halbe Lederstärke gefaßt wird, straff zusammengezogen.

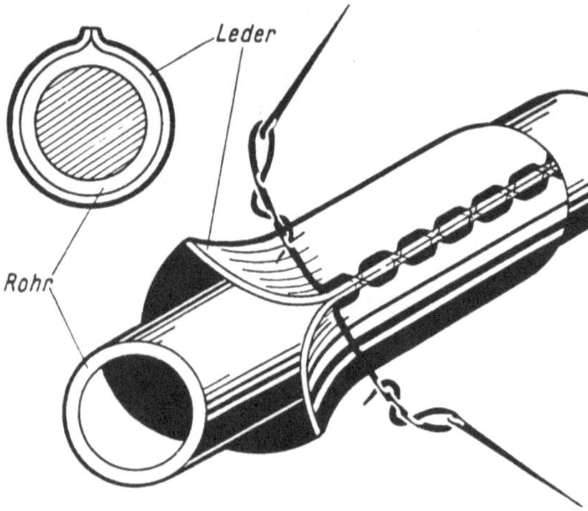

Abb. 65. Sattlernaht

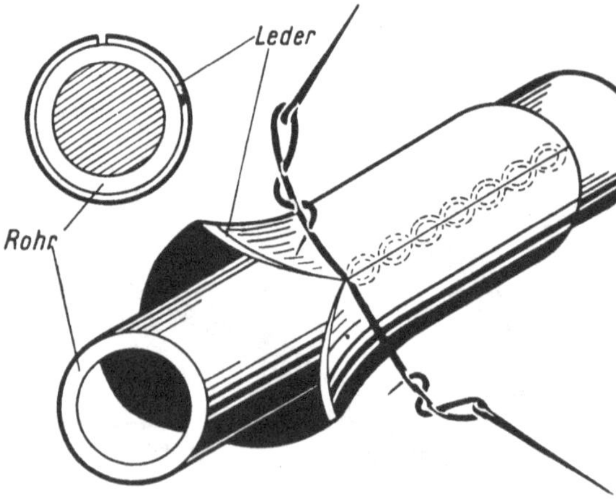

Abb. 66. Naht auf halbes Leder genäht

112. cc) Durch Zusammennähen mit vorstehender Nahtkante, gewöhnliche Sattlernaht mit zwei Nadeln. Der Zuschnitt erfolgt entsprechend der Rohrstärke unter Zugabe der Naht.

An der Einstichseite ist die Naht mit einem Zirkel vorzuzeichnen. Zu beachten ist, daß das Leder fest um das Rohr liegt und gut zusammengezogen wird. Nach beendigter Naht muß die Belederung sauber beschnitten und ausgeputzt werden. An Stelle von Leder wird neuerdings als Scheuerschutz eine Wendel aus Kunststoff verwendet.

b) Sporn- und Strebenmanschetten

113. Für **Spornmanschetten** wird Fettgarleder verwendet, da diese Abdeckungen der Witterung und der Bodenfeuchtigkeit stark ausgesetzt sind.

Die aus Leder hergestellten Manschetten müssen beweglich sein und an den Enden fest anschließen. Sie sollen verhindern, daß der beim Rollen aufwirbelnde Sand in das Lager eindringt.

Abb. 67. Manschette im Fahrwerk einer He 111

Zur Herstellung solcher Manschetten ist eine entsprechende Holzschablone erforderlich.

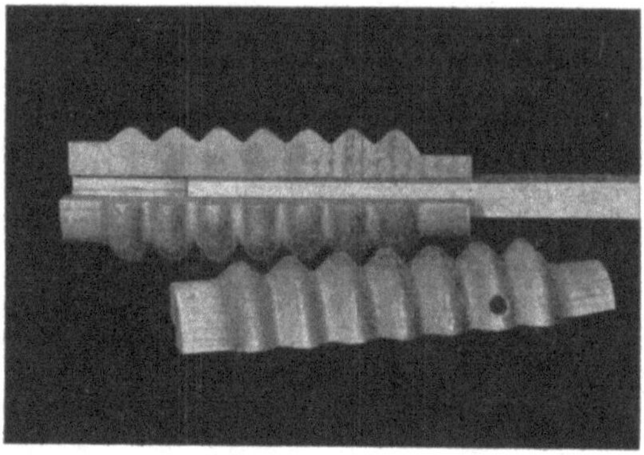

Abb. 68. Holzschablone

Der Arbeitsgang ist folgender:

1. Zuschneiden des Leders.
2. Vernähen des Leders mittels Sattlernaht zu einem Rohr.
3. Aufbringen des Rohres auf die Schablone und Einschnüren mit starker Schnur.
4. Antreiben des Schablonenkeiles.

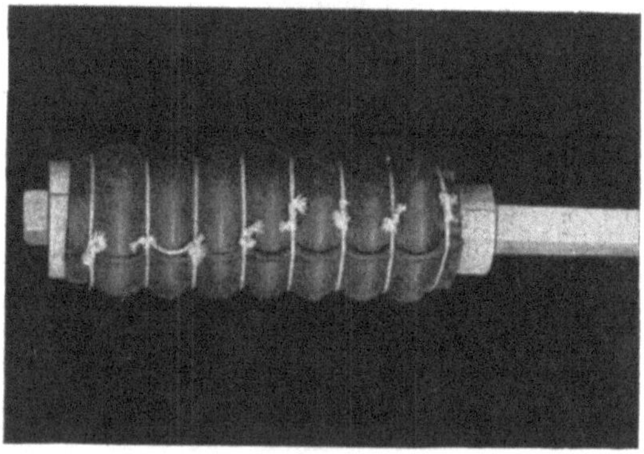

Abb. 69. Einschnüren des Leder

5. Abnehmen der Schablone nach dem Trocknen.

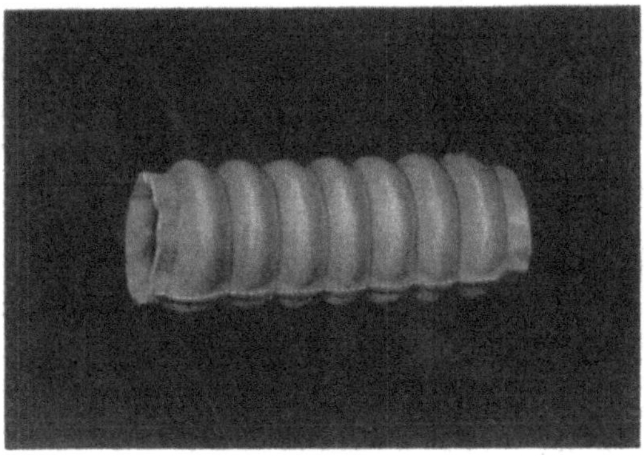

Abb. 70. Fertige Manschette nach dem Trocknen

Vielfach wird an Stelle von Fettgarleder Kalbleder verwendet. Dieses muß jedoch vor dem Verformen in Wasser eingeweicht werden. Die fertige Manschette ist gut einzufetten.

Bei Reparaturarbeiten an flugklaren Maschinen ist es oft nicht möglich, das ganze Fahrwerk auszubauen, um eine neue Manschette einzuziehen. In diesem Fall wird das Leder wie vorher angegeben geformt, aber erst am Fahrwerk zusammengenäht.

Die Herstellung von rechteckigen „ziehharmonikaförmigen" Lederschläuchen, wie sie z. B. an der Bordkanone der He 111 eingebaut sind, erfolgt sinngemäß.

Abb. 71. Manschette mit schräger Naht

Häufig findet man auch Manschetten, bei denen die Naht schräg angeordnet ist. Die Naht ist in diesem Falle als Maschinennaht ausgeführt.

Für den Frontbetrieb ist dieselbe jedoch nicht zu empfehlen, da
1. der Werkstoffverbrauch infolge des rautenartigen Zuschnittes größer ist,
2. eine Spezialnähmaschine nicht zur Verfügung steht,
3. eine Reparatur bei nicht ausgebautem Fahrwerk unmöglich ist.

c) Herstellung von Kopf- und Nackenpolstern und Einsteigringen

aa) Kopf- und Nackenpolster

114. Als Polstermaterial dient Schwammgummi oder Roßhaar. Der Gummi wird nach der Form des Kopf-(Stirn-)Schutzes geschnitten (dabei ist das Messer anzufeuchten). Roßhaarpolster muß in Nessel gearbeitet werden.

Die Unterlage für die Form des Schutzes besteht aus Sperrholz oder Metall. Sie ist mit Schrauben zum Befestigen versehen. Das als Überzug zur Verwendung gelangende Möbelleder wird angefeuchtet und mit verzogener Naht oder Schwertnaht auf der Rückseite der Unterlage zusammen- oder festgenäht. An den beiden Auslaufstellen wird das Leder mit Vorderstich zusammengezogen und kurz beschnitten, damit eine flache Unterlage entsteht.

bb) Der Einsteigring

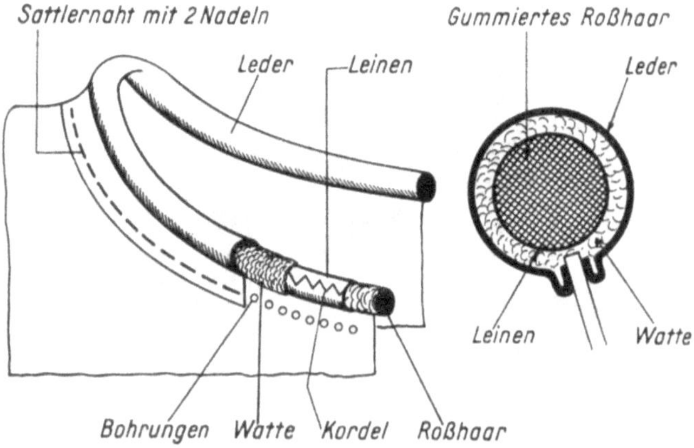

Abb. 72. Lederwulst des Einsteigringes mit Roßhaarfüllung

115. Der Sattler versieht den Ausschnitt in der Rumpfverkleidung, der zum Ein- und Aussteigen dient, mit einem Lederwulst. Die Füllung dieses Wulstes ist entweder Roßhaar oder Schwammgummi.

Das Roßhaar wird mit Leinen schlauchartig zusammengefaßt, mit Watte umgeben, über der zu polsternden Kante der Einsteigöffnung mit einem vorbereiteten Lederstück gefaßt und mit diesem in Sattlernaht vernäht.

Am Rande der Einsteigöffnung sind für das Vernähen Bohrungen angebracht.

Die Herstellung einer Polsterung aus Schwammgummi ist einfacher. Der Gummi wird bereits im erforderlichen Durchmesser von 55 mm angeliefert. Er wird mit Watte umwickelt und dann in derselben Weise wie Roßhaar mit Leder gefaßt und aufgebracht.

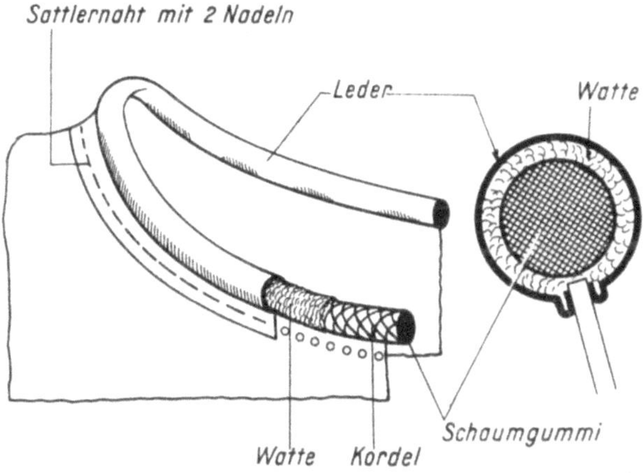

Abb. 75. Lederwulst des Einsteigringes mit Schwammgummifüllung

B. Ausbesserungsarbeiten an Stoffbespannungen

116. Bei Ausführung von **Ausbesserungen** ist besondere Sorgfalt erforderlich. Eine gut und sauber ausgeführte Reparatur darf kaum sichtbar sein.

1. Ausbessern von glatten Rissen und Winkelrissen

117. Im Umkreis der beschädigten Stelle wird die Lackierung mit Verdünnung satt eingestrichen. Nach einer Einwirkungszeit von wenigen Minuten weicht die Farbe auf. Ältere Lackierungen müssen evtl. noch ein zweites Mal mit Verdünnung eingestrichen werden. Die aufgeweichte Farbe wird mit einem stumpfen Holz- oder Hornspachtel und weichen Lappen entfernt.

Merke: **Es muß darauf geachtet werden, daß keine Verdünnung durch den Riß in der Bespannung in das Innere des Flugzeuges läuft, damit nicht der Lack oder die Bespannung der darunterliegenden Teile beschädigt wird.**

Der Riß wird zusammengenäht (Kreuz- oder Schwertnaht). Die Naht ist immer feucht zu halten (Stiche reißen leicht aus). Die Stiche müssen recht dicht nebeneinanderliegen und straff zusammengezogen werden. Knoten sind nach innen zu legen.

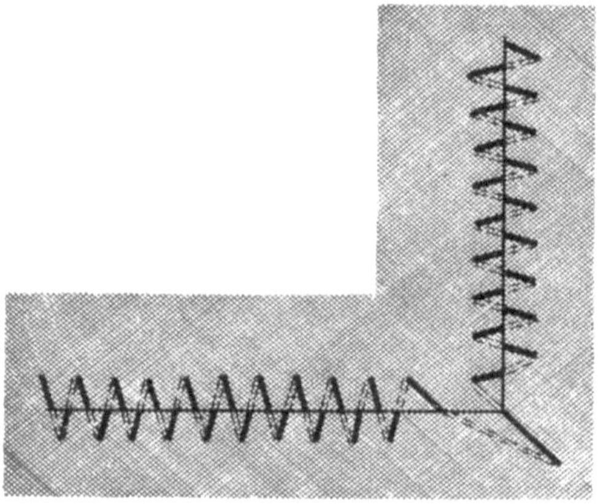

Abb. 74. Ausbessern von glatten Rissen oder Winkelrissen

Ist das Zusammennähen beendet, nimmt man ein vorher zelloniertes Stück Flugzeugleinen und schneidet es so zu, daß der Flicken die Einschnitte nach allen Seiten 5 cm.überdeckt Die Form des Flickens richtet sich nach dem zu deckenden Schnitt. Die Kanten sind auszuzacken, wobei die Ecken ausgerundet werden. Die zu deckende Stelle wird nun kräftig mit Grundtränkung eingestrichen, der Flicken aufgelegt, glatt ausgestrichen und das Ganze noch einmal überstrichen. Dieser Vorgang muß schnell erfolgen, da die Grundtränkung schnell erstarrt.

Sind auf einer Fläche die Löcher zu groß oder mehrere Risse nebeneinander, so muß zwischen zwei oder mehreren Rippen eine neue Bahn eingesetzt werden. Die alte Bahn wird ausgeschnitten, indem 4—5 cm innerhalb der Rippen stehenbleiben. Das Abdeckband wird abgenommen, indem es an einem Ende gelöst und mit kurzem Ruck abgezogen wird. Anhaftende Farbe und Grundtränkung muß mit Verdünnung entfernt werden, damit der Schutzanstrich nicht beschädigt wird.

Die neue Stoffbahn, welche etwas breiter geschnitten werden muß, wird an der Nase vernagelt oder vernäht und dann über die Rippe gelegt, die Kante eingeschlagen und mit verzogener Naht vernäht. Alsdann wird der Stoff zur gegenüberliegenden Rippe straff ausgestreckt und vernäht.

Trotzdem ist aber noch die Naht zum Befestigen der Bespannung auf den Rippen anzubringen, z. B. mittels Heinkel-Zickzacknaht, Dornier-Naht oder Arado-Naht. Bei Heinkel, Arado usw. werden die Bahnen fadengerade, Kette in Flugrichtung, dagegen bei Dornier diagonal eingesetzt.

Zellonieren und Abdecken erfolgt wie bei der Neubespannung.

Kurze Risse in der Stoffbespannung werden mit diagonal geschnittenem 30 mm breitem **Leinenband überklebt.** Das Band muß mindestens 60 mm länger sein als der Riß.

Größere Risse dürfen **nicht mit einem Band überklebt werden.** Man schneidet in diesem Falle ein reichlich bemessenes Stück Bespannung zwischen zwei Rippen heraus und näht ein **Ersatzstück** ordnungsgemäß an. Die Nähte werden mit einem Band überklebt.

2. Spannen von Druckstellen im Bespannstoff

118. Falten und Beulen in der Bespannung können mitunter durch **Auftragen von Verdünnung** herausgeholt werden. Meistens muß man jedoch den Anstrich entfernen, die betreffende Stelle mit Verdünnung gut auswaschen, trocknen lassen und von neuem mit Grundtränkung streichen. Wenn die Beulen und Falten auf diese Weise nicht entfernt werden können, muß die Bespannung aufgeschnitten und wieder vernäht werden. In diesem Falle sind die Falten in der Regel aber so groß, daß es zweckmäßiger ist, ein ganzes Bespannungsfeld zu erneuern. Die Form der Stoffflecken richtet sich nach der Größe des Risses oder Schnittes in der Stoffbespannung. Viereckige Flecken sind an den Ecken abzurunden und mit der Auszackhandschere oder Auszackmaschine auszuzacken. Man kann sie auch glatt aufkleben, muß sie dann aber mit Auszackbändern überkleben.

Ist die Rückseite der Druckstelle zugänglich, so bestreiche man diese mit Lackverdünnung.

3. Erneuerung von größeren Bespannstücken

119. Wenn die Stoffbespannung bei Instandsetzungsarbeiten innerhalb des Tragflügels über mehrere Felder hin entfernt werden muß, wird der Stoff am besten in der Nähe einer Rippe aufgeschnitten, und zwar so, daß der neue Stoff an dem stehengebliebenen Stoffstreifen (etwa 1 cm) angenäht werden kann. Die neue Naht wird durch das Abdeckband auf der Rippe mit abgedeckt. Vor dem Aufschneiden der Stoffbespannung ist stets zuerst das Abdeckband zu entfernen. Man verwendet hierzu Verdünnung, damit das Band sich ablöst und die Lackierung nicht allzusehr beschädigt wird. Die Schnitte sind an Rippen und Nahtstellen entlangzuführen, damit sachgemäß vernäht werden kann.

C. Neubespannen von Flugzeugteilen

1. Aufbringen der Bespannung an Motor-Flugzeugen

a) Tragflächenbespannung bei Flugzeugen in Holzbauweise

120. Da die Stoffbahnen nur eine Breite von 1,30 m haben, müssen diese für die ganze Tragfläche entsprechend zusammengenäht werden.

Das Nähen der Stoffteile wird auf der Nähmaschine ausgeführt. Der zusammengenähte Bespannstoff wird auf die untere Tragflächenseite gelegt, zuerst an der Anschlußseite (Rippe 1) mit Messingnägeln angeheftet, und zwar so, daß gleicher Abstand mit der Webekante

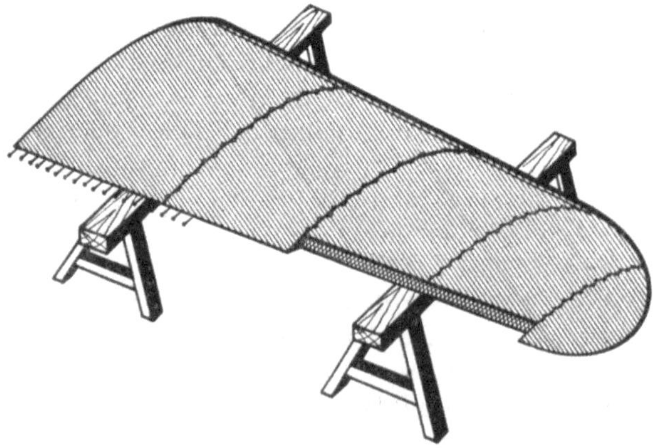

Abb. 75. Tragflächenbespannung

eingehalten wird. Am Randbogen wird dann das Anheften ebenfalls mit Messingnägeln vorgenommen.

Die **Nähte** des zusammengesetzten Bespannstoffes verlaufen so, daß sie **in Flugrichtung** liegen, d. h. parallel zu den Rippen.

Nunmehr wird der Bespannstoff in der Mitte der Flächennase nach beiden Seiten (Flächenwurzel und Flächenende) und danach auch an der Tragflächenhinterkante bzw. am Querruderausschnitt angeheftet.

Die Arbeit verrichten zwei Mann, von denen einer den Stoff spannt, während ihn der andere mit Heftnadeln anheftet.

Um den Stoff richtig spannen zu können, wickelt man zweckmäßig das Ende des Stoffes auf eine ungefähr 25 cm lange Rolle (Stück Rohr oder Rundholz). Diese benutzt man dann als Handhabe zum Spannen. Um ein Verziehen des Stoffes zu vermeiden, ist derselbe längs der Endleiste in mehreren Absätzen zu spannen.

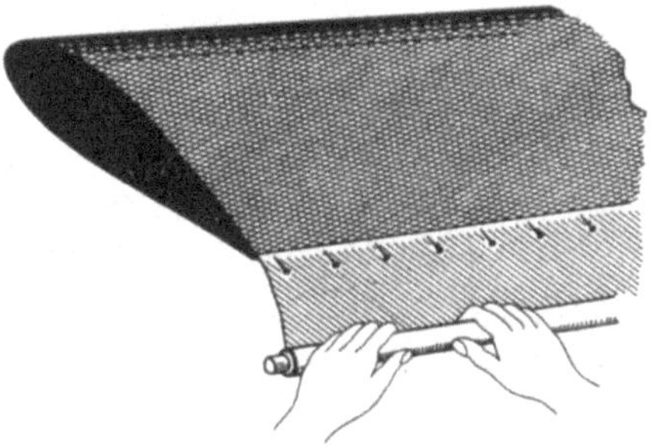

Abb. 76. Spannen des Stoffes

Abb. 77. Zickzacknaht

Nunmehr wird der Stoff auf 5—8 cm abgeschnitten.

Das überstehende Ende wird nach innen um die Endleiste herumgelegt, straff gespannt und mit Messingnägeln festgenagelt. Danach sind die Heftnadeln wieder zu entfernen.

Ist der Bespannstoff an den Kanten befestigt, dann beginnt man mit dem „**An** die Rippe Nähen", d. h. der Bespannstoff wird mit einer besonderen Naht (Zickzacknaht) an das Wickelband der jeweiligen Rippe genäht, wobei jeder Stich geknotet wird.

Das „**Um** die Rippen Nähen" wird, wenn die Tragfläche einseitig bespannt ist, am schnellsten mit zwei Mann ausgeführt, wobei sich die Arbeiter, durch die Tragfläche getrennt, gegenüberstehen.

Wo Kastenrippen sind, wird der Bespannstoff mit zwei Zickzacknähten befestigt.

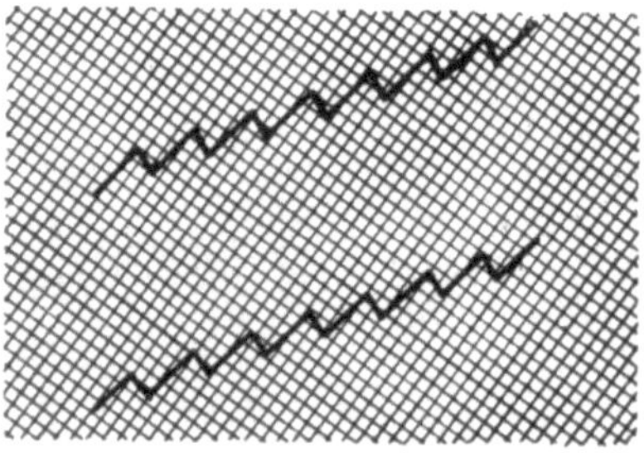

Abb. 78 Zickzacknähte

Alle Nähte werden jetzt mit Grundlack gestrichen und mit gezackten Stoffstreifen beklebt.

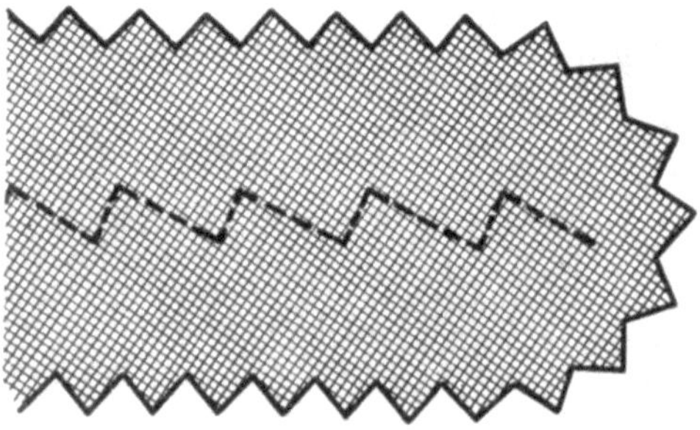

Abb. 79. Gezackter Stoffstreifen auf der Zickzacknaht

Damit ist eine Tragflächenseite fertig bespannt. Nach Umlegen der Tragfläche beginnt man mit dem Bespannen der anderen Seite. Im Bereich des Luftschraubenstrahls muß darauf geachtet werden, daß sich der Bespannstoff nicht durchscheuert. Die Stoffstreifen müssen hier besonders gut sein und die Nähte verstärkt werden, damit sie nicht ausreißen. Ferner werden sie im Bereich des Luftschraubenstrahls mit Abdeckband doppelt verklebt.

Die Reibung der Luft des Luftschraubenstrahls und des Fahrtwindes wirkt sich an der Bespannung so stark aus, daß ein Aufscheuern des Stoffes leicht eintreten kann. Bei Start und Landung werden Sandkörner aufgewirbelt, die zerstörend auf die Bespannung wirken.

Der Bespannstoff kann auch durch Annageln an den Längsholmen befestigt werden. Man verwendet hierzu Messingnägel und ordnet sie versetzt an, damit der Holm nicht geschwächt wird und nicht splittert. Die Nägel werden vor dem Festschlagen mit Garn umschlungen. Dann erfolgt das Abnähen der Rippen.

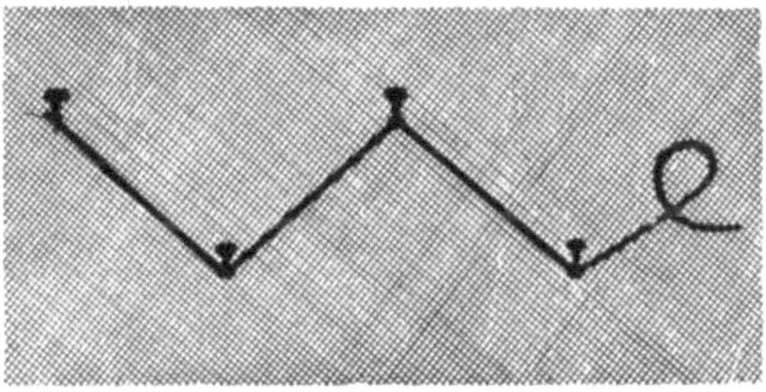

Abb. 80. Annageln des Bespannstoffes an den Längsholmen

Die unteren Bespannungsseiten der Tragflügel erhalten je zwei Wasserablauflöcher je Rippenabstand.

Das Bespannen von Rümpfen und Leitwerken erfolgt sinngemäß, wobei die jeweils gültigen Vorschriften für das betreffende Flugzeugbaumuster zu beachten sind.

So ist beispielsweise die Befestigung des Bespannstoffes an den verschiedenen Rippenarten und Leisten jeweils eine andere.

b) Befestigen des Flugzeugleinens an den Rippen

aa) Vollwandrippe

121. Das Flugzeugleinen ist in zwei Nähten im Abstand von rund 14 mm am Kordelband mit „**versetzten**“ **Stichen** anzunähen. „Versetzt" heißt, daß dem obenliegenden Stich der einen Naht der unterliegende der anderen gegenüberliegt. „Eine halbe Stichlänge" ist das Garnstück zwischen Ein- und Ausstich.

Ein **ganzer Stich** ist also der Zwischenraum zwischen den (von einer Seite aus gesehen) Einstichen.

Die **halbe Stichlänge** ist rund 12 mm zu wählen.

In jeder der beiden Nähte ist das Garn nach jedem dritten Stich zu verknoten. Auf die Nähte ist Klebeband aufzukleben, das diese auf jeder Seite etwa 5 mm überragt, also rund 30 mm breit ist.

Die Abbildung 81 zeigt das **Befestigen** der Stoffbespannung an einer Rippe, die auf Stegen angelascht ist. Die Laschen sind entsprechend zu durchbohren.

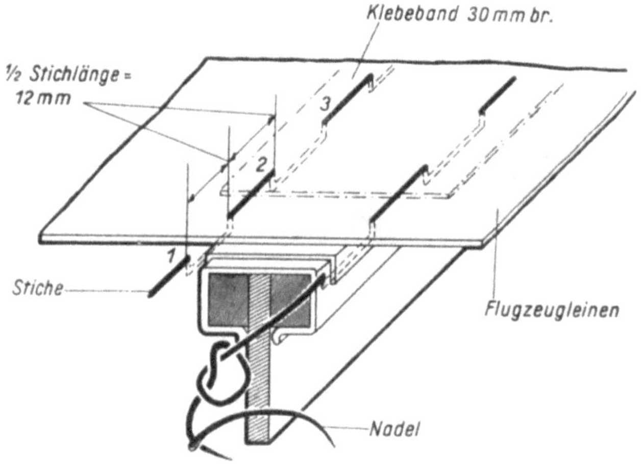

Abb. 81. Stoffbespannung an einer Rippe, die auf Stegen angelascht ist

bb) Kastenrippe

122. Das Flugzeugleinen ist durch zwei Nähte am Kordelband festzunähen. Der Abstand der Nähte voneinander hat 25 mm zu betragen. Die Stiche sind versetzt zu führen. Die Länge des halben Stiches ist rund 12 mm.

In jeder Naht ist das Garn nach jedem dritten Stich zu verknoten. Auf die Nähte ist Klebeband aufzukleben, das diese auf jeder Seite 5 mm überragt.

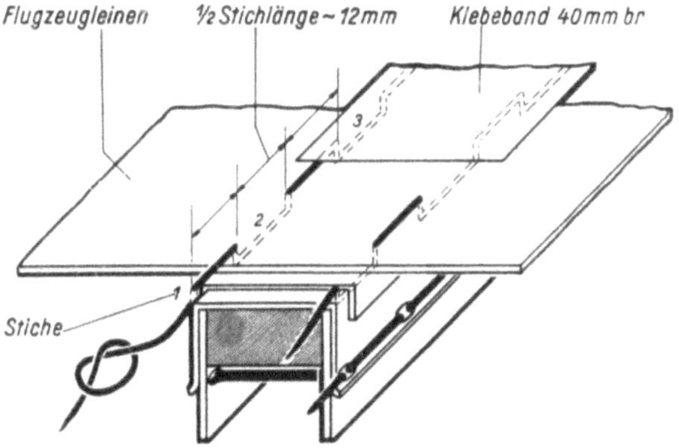

Abb. 82. Stoffbespannung an einer Kastenrippe

Die Befestigung des Bespannstoffes an der Sperrholznase: Auf dem Rippengurt ist eine Sperrholzfeder (ein Sperrholzstreifen) aufgeleimt, auf der die Sperrholzbeplankung befestigt ist. Der Bespannstoff ist so auf die Sperrholzbeplankung zu legen, daß er ein Stück übersteht. Dieses ist mit einer „Stoffleiste" auf der Sperrholzfeder unter gleichzeitigem Anpressen an die Plankenkante festzuschrauben. Nach dem Festschrauben ist der Bespannstoff mit dem Sperrholz in eine Ebene zu legen und mit dem überstehenden Ende zu vernähen. Auf die Naht ist Klebeband aufzulegen.

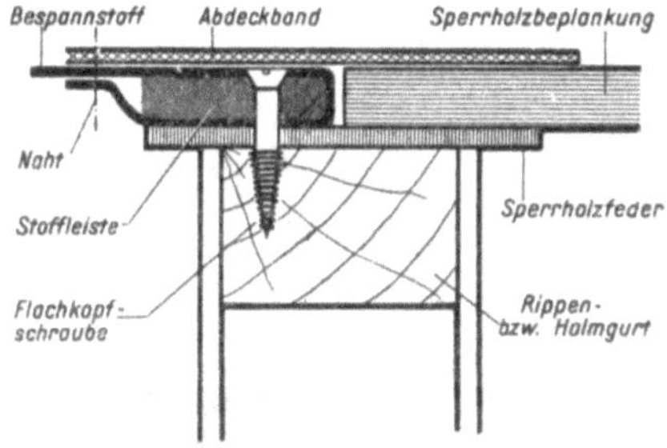

Abb. 83. Bespannung an der Sperrholznase

cc) Leisten

Das Flugzeugleinen ist mit einer Naht am Kordelband festzunähen. Die Nute in der Leiste dient als Durchlaß für Nadel und Garn.

Länge des halben Stiches ist rund 12 mm. Jeder dritte Stich ist zu verknoten. Auf die Naht ist Klebeband aufzukleben.

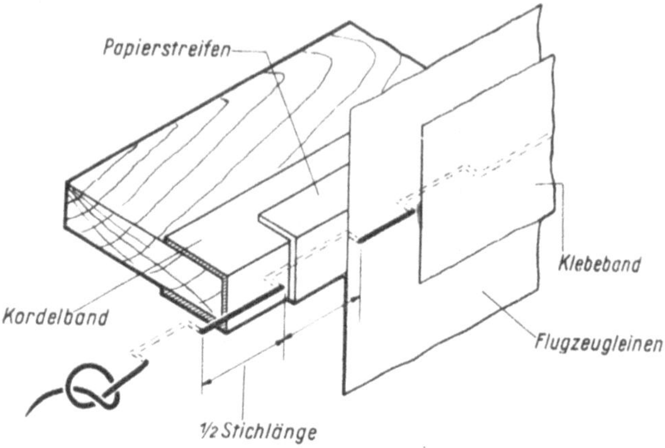

Abb. 84. Befestigen des Bespannstoffes an einer Leiste

c) Tragflächenbespannung bei Flugzeugen in Metallbauweise

aa) Befestigen der Bespannung an Rippen

123. Der Bespannstoff wird an Rippen durch Vernähen mit der Rippenumwicklung befestigt.

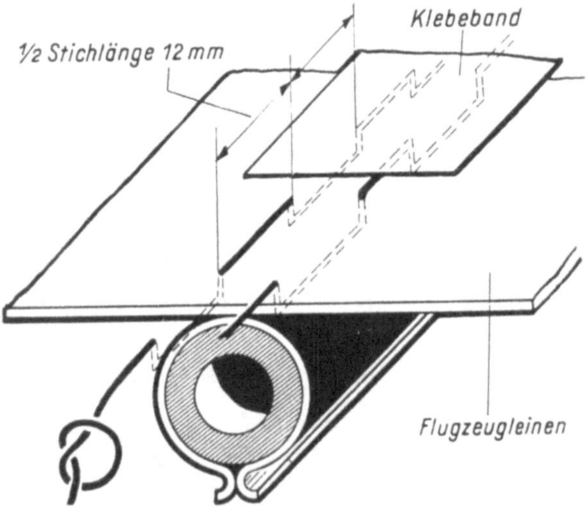

Abb. 85. Bespannstoff an Rippen bei Flugzeugen in Metallbauweise

Das Flugzeugleinen ist mit zwei Nähten im Abstand von rund 6 mm an das Kordelband festzunähen. Die Stiche sind versetzt zu führen. Länge des halben Stiches rund 12 mm. In jeder der beiden Nähte ist das Garn nach jedem dritten Stich zu verknoten. Auf die Nähte ist Klebeband aufzukleben, das diese auf jeder Seite 5 mm überragt.

124. Für die Befestigung des Flugzeugleinens am Rumpfgurt ist mit der Maschine ein sogenanntes **„Lochband"** mit zwei Nähten am Leinen festzunähen.

Das Lochband liegt 45 mm breit. Es hat das Leinen beiderseits in gleicher Länge zu überlappen und in der gebildeten Schlinge den Führungsdraht aufzunehmen.

Die Befestigung des Drahtes mit Lochband und Leinen hat durch Einknoten zu erfolgen.

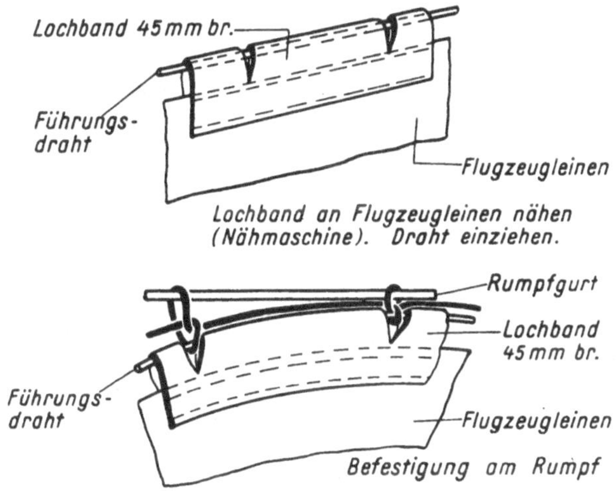

Abb. 86. Lochband, Befestigung durch Einknoten

bb) Befestigen des Bespannstoffes an Randbogen und Endrippen

125. Das Flugzeugleinen ist in zwei Bahnen über der Rohrmitte zu vernähen. Die Bahnenden sind vorher nach innen umzuschlagen. Sie sind mit Überstand aneinander zu nähen, auch wenn eine neue Bahn an der alten Bespannung zu befestigen ist.

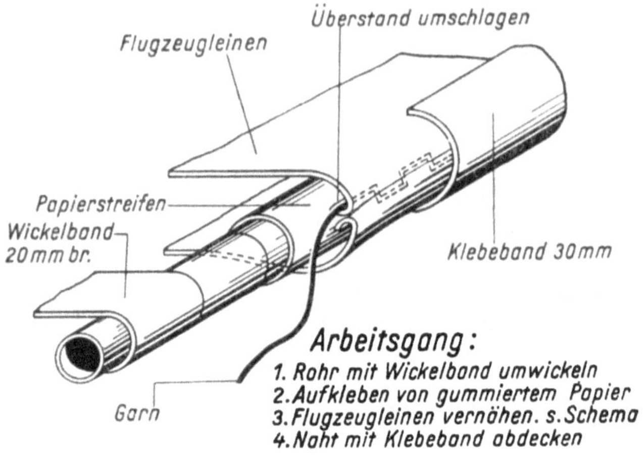

Abb. 87. Arbeitsgang bei Randbogen und Endrippe

Außerdem verwendet man im Metallbau öfter Durchziehdrähte zur Befestigung des Bespannstoffes.

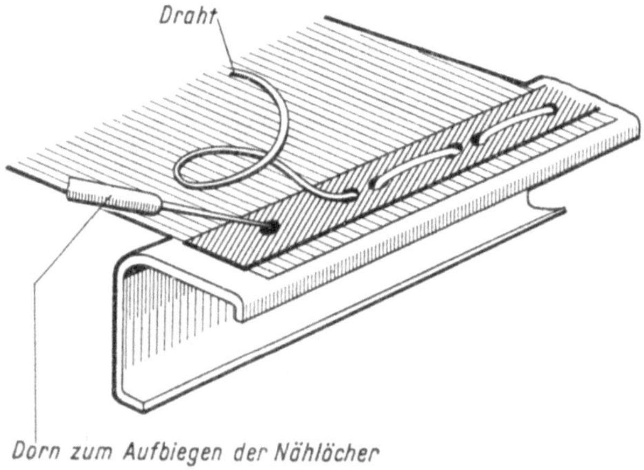

Abb. 88. Durchziehdraht zur Befestigung des Bespannstoffes

cc) Bespannen der Tragfläche

126. Das Bespannen der Tragfläche bzw. der Leitwerkteile erfolgt wie bei der Holzbauweise durch Annähen des Stoffes an der Rippenbewicklung.

Die Befestigung des Bespannstoffes an der Flügelnase erfolgt meist mittels eines besonderen Einnietbandes.

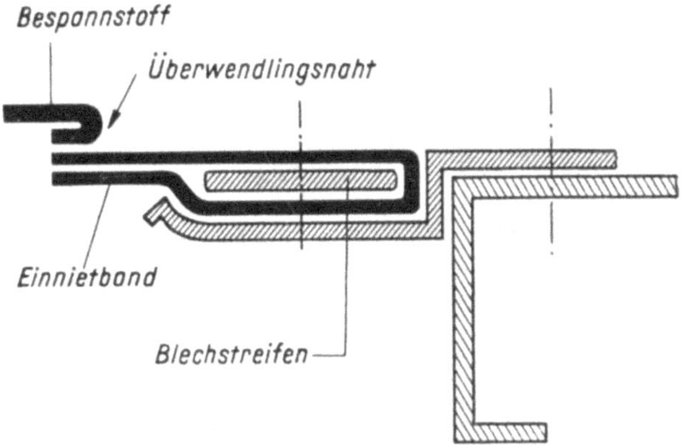

Abb. 89. Einnietband

2. Aufbringen der Bespannung bei Segelflugzeugen

127. Bei **Segelflugzeugen** erfolgt das Aufbringen der Bespannung durch Aufkleben mittels Klebelack. An den nach innen gewölbten Teilen der Rippen wird der Stoff auch hier (mit Ausnahme der einfachen Schulgleiter) angenäht, wobei als Nähbänder solche mit Webekante zu verwenden sind.

Die Stoffbahnen werden auch hier mittels Kappnaht zusammengenäht.

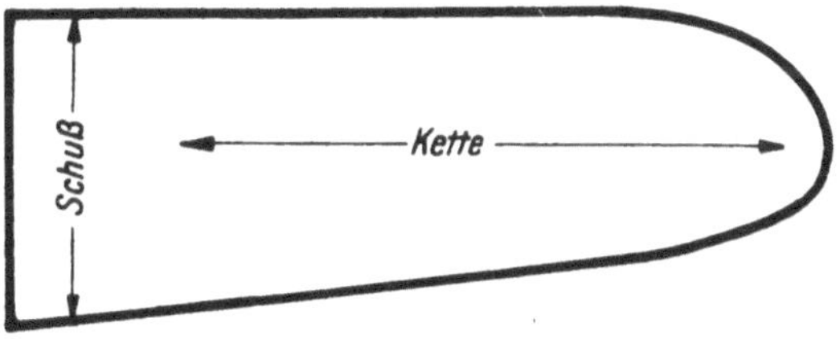

Abb. 90. Bespannung bei Segelflugzeugen

Zuerst wird der Klebelack dick auf die Rippen aufgetragen. Das Bespannen erfolgt erst nach dem Trocknen desselben. Der Stoff ist in Richtung der Kette stramm anzuziehen, in Richtung der Flügeltiefe sind nur die Falten zu glätten. Nach dem Bespannen wird der Klebelack durch Auftragen der Verdünnung wieder aufgelöst.

Beim Auftragen des Klebelackes ist besonders darauf zu achten, daß derselbe **nicht bis zur Kante** aufgetragen wird, da sonst beim Auflösen der Stoff nach unten gezogen und somit das Profil verändert wird. Das hat aber eine Herabminderung der Flugeigenschaften zur Folge.

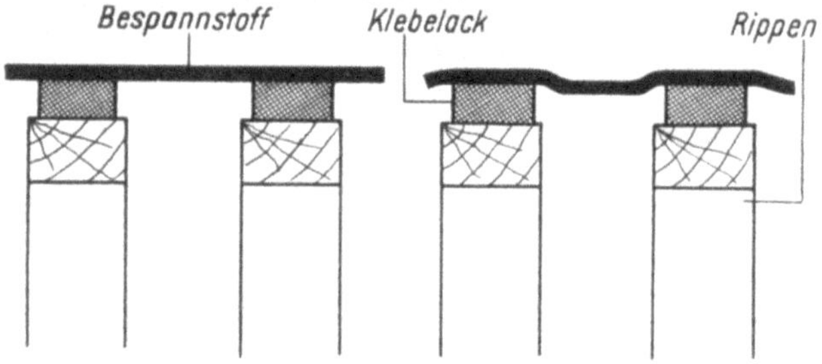

Abb. 91. Richtig glatte Stoffhaut — gute Flugeigenschaften

Abb. 92. Falsch Stoffhaut gewölbt — Profilverringerung. Wirbelbildung

3. Sonderart des Befestigens der Bespannung

128. Von der Firma **Focke-Wulf** wurde eine **Befestigungsart** entwickelt, bei der das Anheften mittels einer sog. **Rippennadel** (vorgebogener Sonderdraht aus rostfreiem Stahl) geschieht.

Abb. 93. Rippennadel

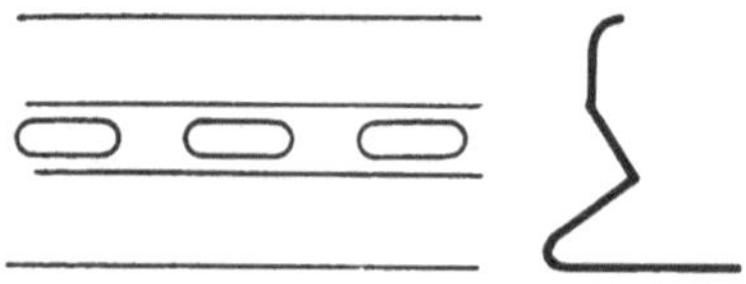

Abb. 94. Rippen mit Nadellöchern

Die Rippen sind zum Anbringen der Rippennadel an Ober- und Untergurt mit länglichen Nadellöchern versehen, die zur Aufnahme der Rippennadel dienen.

Entgegen der sonstigen Art der Vernähung fällt hier sowohl das langwierige Bewickeln der Rippen mit Wickelband als auch das Vernähen des Bespannstoffes an diesem weg. Es wird eine **besonders glatte, saubere und zuverlässige Naht** erziehlt. Die Rippennadeln lassen sich leicht verlegen und können bei sachgemäßer Behandlung wiederholt verwendet werden.

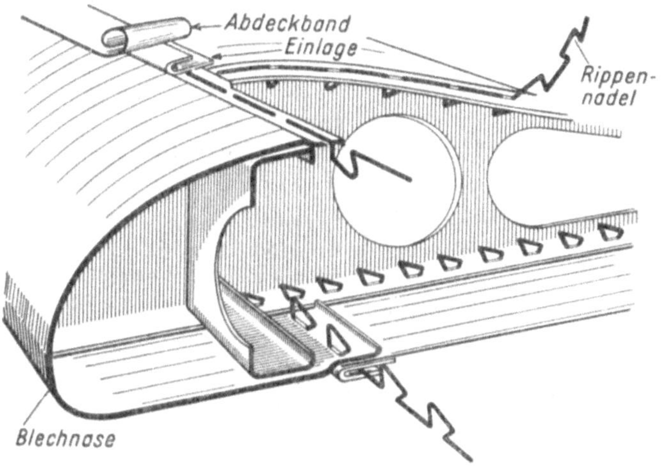

Abb. 95. Eindrücken der Rippennadeln

Der aufgelegte Bespannstoff wird mit einem Sondergerät genau über den im Metallgeripppe vorgesehenen Nadellöchern durchstochen, worauf die Rippennadel eingedrückt wird.

V. Gesundheitsvorschriften bei Arbeiten mit Nitro-Zellulosefarben

129. Die für die Gesundheit der Flugzeugsattler **gefährlichen Bestandteile** der Lacke und Grundtränkungsmittel sind fast ausschließlich die organischen **Lösungs- und Verdünnungsmittel.**

Diese Lösungsmittel werden nicht nur als Lackbestandteile, sondern auch allein für sich zum Entfetten, Entfernen von Farbe, Reinigen von Pinseln u. a. m. gebraucht.

Merke: **Alle Lösungsmittel sind mehr oder weniger gesundheitsschädlich.**

Die gesundheitsschädlichen Wirkungen sind verschieden, je nach den Eigenschaften des betr. Lösungsmittels und nach der Empfindlichkeit des einzelnen Menschen. Es sind grundsätzlich zwei verschiedene **Einwirkungen** zu unterscheiden:

1. **Die äußerliche Wirkung auf die Haut.**
2. **Die innerliche Wirkung im Körper.**

Einwirkung auf die Haut tritt vor allem beim Abwaschen von Werkstücken und beim Reinigen der Hände mit **Lösungsmitteln** ein. Sie beruht auf dem Fettlösevermögen dieser Stoffe. Durch das Herauslösen des Fettes wird die Haut spröde und rissig, es können Schmutz und Bakterien eindringen, die zu Entzündungen und Ausschlägen führen.

Bei **Gesundheitsschäden, verursacht durch in den Körper eingedrungene Lösungsmittel,** wird zwischen akuten und chronischen Formen unterschieden.

Die **akuten** Wirkungen beruhen darauf, daß die Mehrzahl der Lösungsmittel zu den narkotisch wirkenden Stoffen gehört. Beim Einatmen hinreichender Mengen treten Erregungs- und Verwirrungszustände, Rausch und Betäubung ein, denen in schweren Fällen der Tod durch Atemlähmung folgt.

Bei **chronischer** Vergiftung durch Lösungsmittel treten die narkotischen Wirkungen in den Hintergrund, dafür sind schwere, ja lebensbedrohende Schädigungen des Blutes, des Nervensystems und einzelner Organe die Folge.

Um sich vor allen diesen **Schäden zu bewahren,** muß der Flugzeugsattler folgendes beachten:

1. Schutz gegen Hauterkrankungen gibt in erster Linie ausreichende **persönliche Sauberkeit.** Vor Feierabend sowie vor den Pausen sind die Hände gründlich mit Seife zu **waschen** und danach **einzufetten.**
2. Um das Einatmen der Lösungsmitteldämpfe auf ein Mindestmaß herabzusetzen, sind Arbeiten mit Grundtränkungsmitteln nur in ausreichend **belüfteten Räumen** durchzuführen.
3. **Niemals mit ungewaschenen Händen essen! Nie im Werkstattraum das Mahl einnehmen.**

WALTER DE GRUYTER & CO. BERLIN

Kolibri 360 GmbH
Ferdinand-Jühlke-Straße 7
99095 Erfurt, Deutschland
produktsicherheit@kolibri360.de